Einfach machen – einfach gründen!

DER PRAXISCOACH

IMPRESSUM

Bildnachweis
Coverfoto: © Katja Schubert, SHOT FOTOGRAFIE, München
Autorinnenporträt Umschlag: © Marc Katz

Projektleitung
Anja Sommerfeld, Knesebeck Verlag

Lektorat
Annika Genning, München

Gestaltung und Satz
Andrea Trumpf, Berlin

Herstellung: Arnold & Domnick, Leipzig
Druck: Graspo CZ, a.s. Printed in Czech Republic

ISBN 978-3-95728-562-1

www.knesebeck-verlag.de

Einfach machen – einfach gründen!

DER PRAXISCOACH

Startklar für dein eigenes
Online-Business

KATHARINA MARISA KATZ

KNESEBECK

Inhalt

TEIL 1

Einfach gründen?

TEIL 2

Let's get digital!

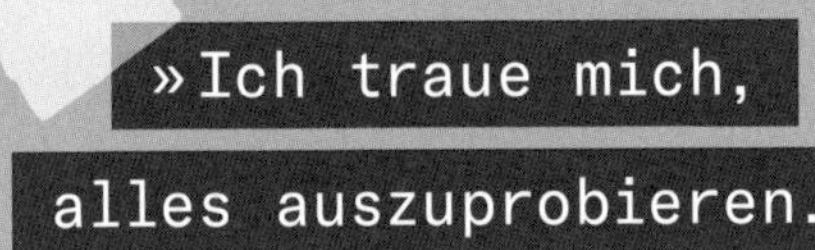

J. K. ROWLING

Britische Bestseller-Autorin, die mit ihrer Geschichte um Zauberer Harry Potter Weltruhm erlangte

Sichtbar werden

Mit meinen Büchern nehme ich meine Leser:innen immer ein Stück mit in meine aktuelle Lebenswelt. Die Themen für die Bücher entstehen aus einem Teil meiner Geschichte oder Begegnungen mit anderen Menschen. So auch 2017, da war ich bereits ein paar Jahre selbstständig und lebte in Berlin. Ich traf immer wieder auf Frauen, die mit dem Gedanken spielten, sich selbstständig zu machen, als Freelancerin zu arbeiten oder ein Unternehmen zu gründen. Sie alle hatten dieselben Fragen: Ist das nicht wahnsinnig kompliziert mit der Buchhaltung und dem Finanzamt, was mache ich, wenn keiner meine Sachen kauft – und was passiert mit dem Business, wenn ich krank werde oder schwanger? Die Fragen waren immer ähnlich, darum erstellte ich irgendwann eine Übersicht mit meinen Antworten auf Fragen zu Umsatzsteuer, Gründungszuschuss und Gewerbeanmeldung: Die Idee zu *Einfach machen – einfach gründen* war geboren. Und begleitet mich seitdem. Und nicht nur mich, das Buch ist in der 5. Auflage (August 2021) erschienen und hat viele Frauen auf ihrem Weg in die Selbstständigkeit unterstützt. Vor allem haben die Geschichten der Gründerinnen sie inspiriert und ermutigt.

Mein erstes Buch erschien 2018, neun Wochen nach der Geburt unserer Tochter. Nach Presseterminen im Wochenbett und einer ganzen Menge gelebter Vereinbarkeit später war ich in Elternzeit. Mein Buch verkaufte sich super, und immer mehr Menschen kamen mit Anfragen zu Coachings und Workshops auf mich zu. Also startete ich 2019 mit ersten 1:1-Coachings für Frauen, die sich selbstständig machen wollten. Wir zogen nach Hamburg, fanden einen Kitaplatz, und ich suchte Schritt für Schritt meinen Weg zurück in die Selbstständigkeit. Der gar nicht so leicht war, wie ich an dieser Stelle schon einmal verraten kann. Nie vergessen werde ich daher auch den 13. März 2020. Einen Freitag. Der Freitag, an dem die Nachricht kam: Die Kitas und Schulen werden aufgrund einer internationalen Pandemie geschlossen. Auf einmal war die Corona-Krise sehr real, und wir standen wie die meisten vor dem konkreten Problem: Und wie machen wir das jetzt mit der Arbeit und der Care-Arbeit?

2020 wurde für viele von uns ein Jahr des Ausprobierens, des Bis-an-die-eigenen-Grenzen-und-darüber-hinaus-Gehens. 2020 wurde das Jahr, in dem ich *Zwischen Laptop und Legosteinen – Als Familie mehr Vereinbarkeit leben* schrieb – und die Idee für dieses Buch hier hatte. Denn 2020 hat einmal mehr gezeigt, wie wichtig es für die meisten Jobs ist, sich digital sichtbar und sicher aufzustellen. Von heute auf morgen mussten viele mit verschlossenen Türen klarkommen. Die einzige Absatzmöglichkeit blieb häufig der Online-Handel.

Auch mir brachen Verdienstmöglichkeiten weg: Ich wurde nicht für Veranstaltungen oder Lesungen gebucht, Messen fanden nicht statt, und Coachings oder Workshops mit physischer Anwesenheit waren undenkbar. Ich fasste darum einen Entschluss: 2021 soll das Jahr werden, in dem ich weniger auf Aufträge von Kund:innen angewiesen bin. Ich wollte eigene Produkte entwickeln, meine Brand stärken und auf meine Kund:innen aktiv zugehen, einen Online-Shop aufbauen und Online-Kurse entwickeln.

Und die Idee, mein Business digitaler und unabhängiger von äußeren Umständen aufzustellen, hatte nicht nur ich. Viele kleine Läden, Labels, aber auch Selbstständige wie Hebammen, Grafikdesigner:innen oder Fitnesscoaches haben in dieser Zeit einen eigenen Online-Shop eröffnet oder ihr Angebot digitalisiert. Viele aus der Not heraus und nicht wenige ohne einen richtigen Plan dahinter. Es war mehr ein Ausprobieren und Herausfinden, oft mit der schmerzhaften Erkenntnis, dass so ein Shop viel Geld in Einrichtung und Unterhalt kosten kann und nur etwas abwirft, wenn er auch tatsächlich genutzt wird.

Mit diesem Buch möchte ich ein wenig Licht in den dunklen Dschungel der Digitalisierung bringen. Ich zeige dir, auch mithilfe einiger Expert:innen und anhand alltäglicher Beispiele und Übungen, welche Möglichkeiten es gibt, deine Produkte online zu verkaufen. Wie du die verschiedenen Tools richtig nutzt und einsetzt. Du erfährst, mit welchen Hilfsmitteln du selbst Online-Kurse erstellen kannst, welche Plattformen dir dabei helfen und was du wirklich dafür benötigst. Ziel von diesem Praxiscoach ist es, dass jede:r einen eigenen kleinen Online-Shop oder einen Online-Kurs erstellen kann.

»Nur wer im Netz gefunden wird, kann etwas verkaufen.«

Deshalb geht es hier auch um Online-Marketing für kleine Brands und Services. Was CPC ist, wie man auch mit kleinem Budget Social Media & Co. nutzen kann, um sichtbar zu werden, und was es mit der Indexierung deiner Webseite bei Google auf sich hat, verrate ich dir ebenfalls. Ich gebe dir Tipps und Tricks mit auf den Weg, was für dich und deine Brand umsatzfördernd sein kann.

Übrigens: Kapitel zu überspringen, noch einmal nachzulesen, Eselsohren zu machen und Zeilen fett zu unterstreichen ist ausdrücklich erwünscht! Auch in der Selbstständigkeit musst du schließlich mehrere Dinge jonglieren: zum Beispiel Buchhaltung, Zeitmanagement und die ausreichende Zufuhr an Koffein gleichzeitig sicherstellen. Dies soll dein persönliches Arbeitsbuch werden und dich da abholen, wo du gerade stehst – ob du noch an der Idee für deine Gründung feilst, gerade zum Sprung in die Selbstständigkeit ansetzt oder schon mittendrin steckst. Lass uns gemeinsam ein paar spannende Ideen verwirklichen und den Weg in eine neue, digitale Welt gehen!

PALETTE

Einfach gründen?

(D)ein eigenes Business aufbauen

TEIL 1

↑

Vision, Revision & Ziel

Manchmal ist der Weg das Ziel

Ich habe vor vielen Jahren einfach entschieden, ich mache mich jetzt selbstständig – so schwer kann das schließlich nicht sein. Spoiler: Ist es doch. Wenn man ohne Vorbereitung oder Hilfe einfach ins Blaue marschiert, verläuft man sich schnell, dreht eine Extra-Schleife oder fährt einen Umweg. Dabei ist es besonders am Anfang so wichtig, sich zu überlegen, was zur Hölle man hier eigentlich tut! Sich ein Konzept, eine Vision und einen konkreten Plan zu überlegen ist fast so überlebenswichtig wie die richtige Dosis Kaffee. Also natürlich nur fast. Kaffee ist schon das Allerwichtigste. Sei mit Spaß bei der Sache, aber nimm dich und deine Selbstständigkeit ernst – nur wenn du dich und dein Unternehmen ernst nimmst, tun es auch andere!

Revision: Schulterblick, Blinker setzen & los geht's

Zum Einstieg gebe ich dir ein ganz einfaches Beispiel: gute Vorsätze. Der Status quo ist: Du fühlst dich schlapp und wünschst dir mehr Energie. Was hat dir in der Vergangenheit gegen einen solchen Zustand geholfen? Das ist die Revision. Ah, Sport machen hat gutgetan. Du nimmst dir also vor, in diesem Jahr mehr Sport zu machen – das ist deine Vision. Jetzt werde konkreter: Ich möchte in diesem Monat mindestens zweimal die Woche Sport treiben! Das ist ein mittelfristiges Ziel. Wenn du jetzt noch detailliert beschreibst: Ich möchte in dieser Woche Dienstag joggen gehen und am Donnerstag Yoga machen – dann hast du einen Plan aufgestellt, für den du ganz konkrete kurzfristige Ziele definiert hast. Genau so solltest du auch an dein Geschäftsjahr herangehen. Egal, ob du dich gerade ganz frisch selbstständig machst oder bereits ein paar Jahre dabei bist, ein konkreter Plan, eine Vision für das nächste Jahr helfen dir, ganz konkret an Projekten weiterzuarbeiten, Ziele zu definieren und Struktur in dein Business zu bringen.

Revision: die richtige Abbiegung?

Als ich meinen Führerschein gemacht habe, konnte ich nicht besonders gut rückwärts einparken. Ich habe mich immer verschätzt, wie lang das Auto ist oder wie der Blick durch den Spiegel den Winkel verändert. Mein Fahrlehrer hat damals immer gesagt: »Wenn du einer Sache immer vertrauen kannst, dann dem Blick über deine eigene Schulter.« Recht hat der Mann! Der Blick über die Schulter, zurückblicken, ohne rückwärts zu denken, ist ein wichtiger Pfeiler für Unternehmer:innen, den wir uns regelmäßig zunutze machen sollten. Ach ja, rückwärts einparken kann ich inzwischen wie 'ne Eins!

Du startest gerade mit deiner Selbstständigkeit

Besonders zu Beginn deiner Selbstständigkeit solltest du dir über mehrere Dinge klar werden. Was ist deine Motivation, warum möchtest du dich selbstständig machen, und was möchtest du eigentlich mit deiner Selbstständigkeit erreichen?

ICH MÖCHTE IN MEINER SELBSTSTÄNDIGKEIT

- meine Arbeitszeit freier einteilen.
- keine Vorgesetzten mehr haben.
- meine eigenen Aufgaben und To-dos bestimmen.
- zufriedener als mit meiner aktuellen Arbeit werden.
- einen Ausweg aus der Arbeitslosigkeit finden.
- in meinem Tempo arbeiten.
- mehr Geld verdienen.
- mehr Überblick in ein Unternehmen gewinnen.
- einen Teilzeitjob in meiner Branche ausüben, weil ich als Mutter/Vater sonst keinen finde.
- andere Arbeitszeiten haben oder sogar weniger arbeiten.
- weniger/mehr mit Menschen zu tun haben.
- mir meine kreativen Jobs selbst aussuchen können.

Bedenke immer: Bei niemandem klappt alles sofort, und wenn doch, würde ich mal einen Blick hinter die Kulissen werfen! Auch dort ist nicht alles Gold, was glänzt. Ein Beispiel ist das viel beworbene »passive Einkommen«. Es gibt natürlich digitale Produkte, wie Kurse oder Workbooks, die du einmalig erstellst und die dann mit jedem Download Geld einbringen. Du verdienst also etwas »passiv«. Und genau das ist der Denkfehler. Denn dein Kurs oder deine Produkte verkaufen sich zunächst einmal eben nicht »von selbst«. Du wirst einen großen Teil deiner Arbeitskraft, ein wenig Budget und kreative Ideen nutzen müssen, um deine potenziellen Kund:innen auf dein Produkt oder deinen Kurs aufmerksam zu machen. Natürlich, Downloads machen weniger Arbeit als Produkte, die du verpackt zur Post bringen und frankieren musst. Online-Marketing, Kundenservice und eine stetige Überprüfung deines Angebots sind jedoch auch hier ein Muss. Du arbeitest also alles andere als »passiv«. Und wer dir das mit drei Klicks und seinem Kurs verspricht, der schwindelt.

Wenn du dir mehr (kreative) Freiheiten bei deiner Arbeit erhoffst, muss dir klar sein, dass du, je nachdem, ob du für andere arbeitest (zum Beispiel als Freelancer:in oder wenn du für Workshops gebucht wirst), du trotzdem weisungsgebunden oder zumindest abhängig von deinen Auftraggeber:innen arbeitest. Bedenke also, dass die kreative Freiheit hier eventuell nicht so groß ist, wie du sie dir wünschst. Das kann sich mit wachsendem Standing im Markt ändern, wird dich aber immer wieder in deiner Selbstständigkeit begleiten.

Bist du bereit für deine Selbstständigkeit?

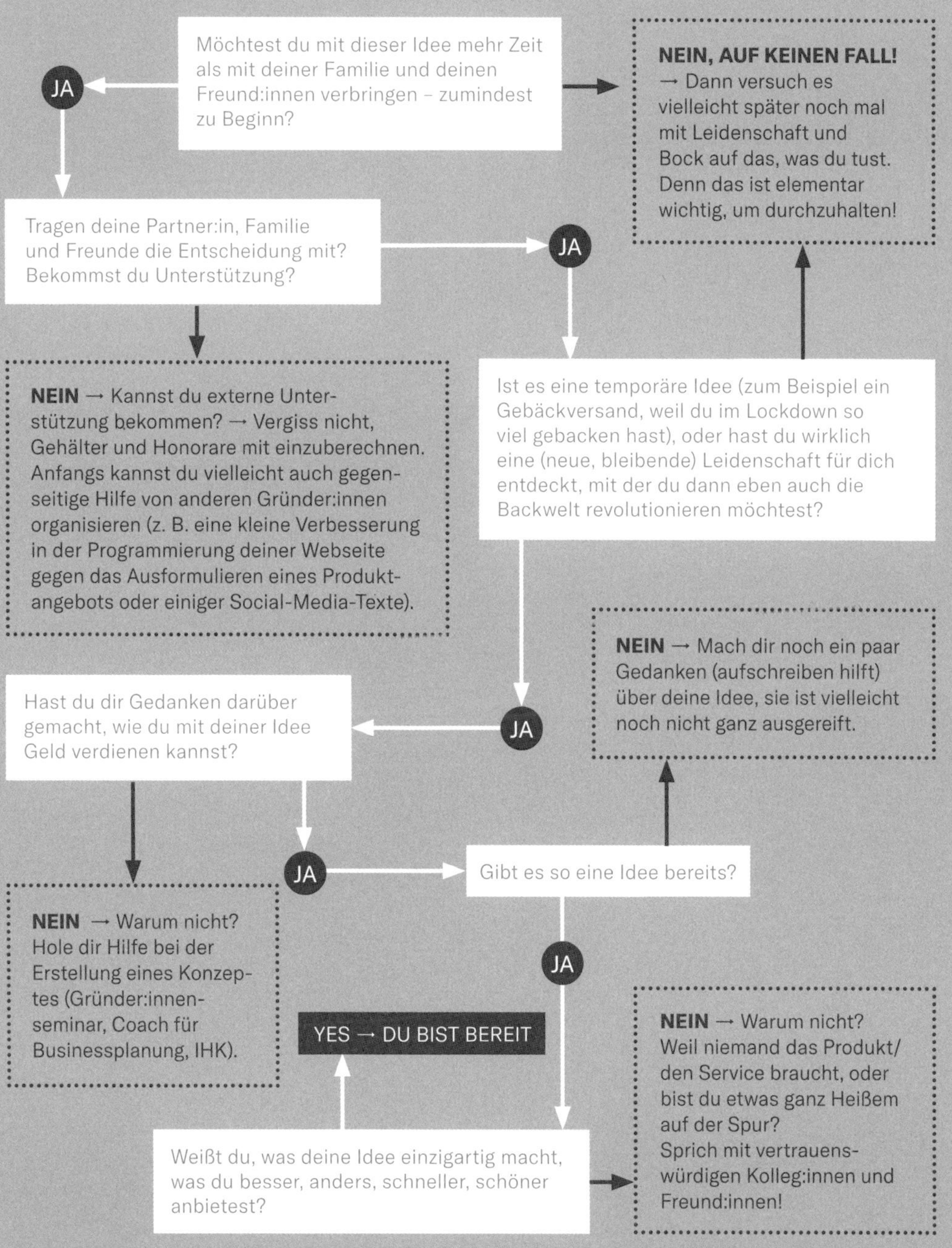

Hindernisse aus dem Weg räumen

Nur die wenigsten haben eine sensationelle Idee, machen sich damit auch selbstständig und sind in der darauffolgenden Woche um 1 Million Euro reicher. Doch wer sich vorher viele Gedanken um die Geschäftsidee macht, sich über das Alleinstellungsmerkmal im Klaren ist und einen konkreten **Businessplan** ausarbeitet, hat schon viel gewonnen. Ganz wichtig bei den vielen kreativen Konzepten im Kopf und der Lust, Neues zu schaffen, bleibt die realistische Kalkulation deiner Umsätze und Ausgaben! Und dann heißt es: Lass dich nicht aufhalten!

→ **S. 25**

Ein Beispiel: Du hast noch keine Webseite? → Erstelle einfach eine simple Platzhalterseite auf deiner Domain, auf der bereits dein Kontakt vermerkt ist, so wirst du bei einer Suchmaschinenanfrage bereits gefunden, und wer nach dir sucht, weiß, wie er dich erreichen kann. Eine Domain kannst du dir bei Anbietern wie Strato oder ionos reservieren, aber auch viele Baukastenanbieter wie Squarespace oder Wordpress bieten dir an, dort Domains zu erwerben. Falls dein Wunschname nicht mehr mit einer .com-Adresse verfügbar ist, probiere es mit .de oder .org.

Dann baust du im Hintergrund an deiner Webseite und startest durch, wenn du so weit bist. Sei nicht zu ungeduldig: Alles kommt mit der Zeit!

Du bist bereits selbstständig und möchtest dich neu aufstellen

Wenn du bereits selbstständig arbeitest, lohnt sich immer der Blick zurück, um Muster zu erkennen. Wenn du dein neues Geschäftsjahr planst, überprüfe, was du verändern möchtest oder ob es gute Lösungswege gab, die dir im vergangenen Jahr geholfen haben. Welche Jobs waren eher Herzensprojekte – die dir große Freude gemacht haben –, aber nicht wirklich finanziell rentabel? Welche waren Brot-und-Butter-Projekte, die deine Rechnungen bezahlt haben? Und wie war die Verteilung? Genug Herz? Genug Butterbrote?

> »Manche Sachen weiß ich nicht, aber ich weiß mir immer zu helfen.«
> Fotografin & Influencerin Jules Villbrandt in *Einfach machen – einfach gründen!*

Wie lief dein eigener Arbeitsprozess ab, schau dir deine Schritte in Ruhe an, kannst du bestehende Prozesse vielleicht optimieren?

PRAXIS-CHECK → Herz vs. Butterbrot

Das lief gut	Das lief nicht so gut	Das möchte ich anders machen
Kosten-Nutzen-Rechnung	**Wie lief mein eigener Arbeitsprozess?**	**Feedback**

Nicht nur eine, sondern deine Vision

Nach dem Schulterblick heißt es: Blick nach vorn!
»Vision« klingt direkt ein wenig dramatisch. Dabei geht es eigentlich nur darum, dass du dich mal fragst: Wo möchtest du in diesem Jahr mit deinem Business hin, was möchtest du erreichen (inhaltlich und finanziell), was ist deine Vorstellung für dein Unternehmen, deine Selbstständigkeit? Damit schaffst du die Grundlage für deine Ziele, denn diese kannst du ja erst definieren, wenn du auch weißt, worauf dein Fokus überhaupt liegt.

Ein Beispiel → Deine Vision ist, deine Marke in den Online-Markt zu transferieren. Damit würde als Aufgabe einhergehen: Webseite überarbeiten, einen Shop aufsetzen, sich mit dem Thema Online-Marketing beschäftigen. Damit »Online« nicht so abstrakt ist, kannst du mit einem Vision Board oder einer anderen Visualisierungsmethode arbeiten.

Ein Vision Board beinhaltet Bilder, Zitate, Ideen, die dich für deine Ziele inspirieren. Es kann analog erstellt werden oder digital, dafür eignet sich vor allem Pinterest ganz wunderbar. Für ein analoges Vision Board sammelst du Inspirationen aus Zeitschriften, Katalogen oder druckst Bilder aus, die dich online inspiriert haben. Hierbei darf einfach mit der Wunschvorstellung gearbeitet werden – ohne direkt »aber …« mitzudenken. Dann kannst du dir Bilder und Zitate raussuchen, die diesen Wunsch darstellen, oder positive Assoziationen, die du damit verbindest. Vielleicht sind das die einzelnen Bausteine deiner Online-Tätigkeit. Oder schöne Produktfotos, eine ansprechende Webseite, vielleicht auch ein Instagram-Account, der toll gepflegt ist.

PRAXIS-CHECK → Vision Board erstellen

Ziele: Hat man doch immer, oder?!

Dir konkrete Ziele für dein Unternehmen zu überlegen ist ebenso notwendig, wie die Adresse in ein Navigationsgerät einzugeben, bevor du losfährst. Sie funktionieren wie eine Art Straßenkarte durch deine Gründungsphase. Und wie bei einem Navigationsgerät führen meist viele Wege nach Rom, du musst auch nicht jede Abbiegung planen und darfst auch mal falsch oder einfach anders abbiegen als geplant – deine finale »Ankunft« solltest du aber genau kennen!

Durch die Revision weißt du jetzt entweder, womit du anfangen möchtest, oder, wie deine Erfahrungswerte aus dem letzten Jahr deiner Selbstständigkeit sind, was gut lief und was du vielleicht in diesem Jahr verändern oder optimieren möchtest. Wenn du ganz am Anfang stehst, kann dir die Revision gezeigt haben, ob du den Sprung in die Selbstständigkeit wirklich wagen möchtest.

Die Vision zeigt dir die Richtung an, in die du laufen möchtest. Und jetzt müssen wir nur noch dein Ziel ins Navi eingeben – und los!

Wo geht es hier nach Hollywood? Dein Weg zum Ziel

→ S. 29

Wenn du bereits selbstständig bist, darfst du direkt bei der **Roadmap** weitermachen. Steht dir dieser spannende Schritt noch bevor, lass dir einen ganz wichtigen Tipp mit auf den Weg geben:

»Das Schönste am Selbstständigsein ist, dass du ständig du selbst sein darfst.«

Du darfst also deinen ganz eigenen Weg finden, und nicht alles, was in diesem Buch steht, wird für dich genau die perfekte Lösung sein. Aber vielleicht ein guter Schubs in die richtige Richtung!

Dein Konzept: Immer wieder anpassen!

Die ersten Ziele für dein Unternehmen formulierst du am besten in einem Konzept. Dieses solltest du unbedingt am Anfang deiner Selbstständigkeit ganz ausführlich aufschreiben. So machst du dir klar, was der Kern deines Unternehmens ist. Es lohnt sich jedoch auch, zu Beginn eines jeden Jahres dein Konzept zu aktualisieren.

Für das Konzept solltest du dir über folgende Punkte klar werden und deine Position dazu ausformulieren:

→ **Dein Alleinstellungsmerkmal**
Als Alleinstellungsmerkmal (Englisch: *unique selling point, USP*) bezeichnet man das Leistungsmerkmal, durch das sich dein Angebot deutlich vom Markt und deiner Konkurrenz abhebt.
Das heißt nicht, dass du etwas völlig Einzigartiges erfunden haben musst. Dein *USP* ist etwas, das du anders (im Idealfall: besser oder für deine Klientel ansprechender) machst als andere auf dem Markt mit einem ähnlichen Angebot. Ein Beispiel für ein Produkt mit Alleinstellungsmerkmal: Man kann auf der Handmade-Plattform *www.etsy.de* zahlreiche Fotohintergründe kaufen, aus Holz, aus Tapetenrollen oder aus Papier. Auf dem Account *LuciaValeria* werden Fotohintergründe als bedrucktes Vinyl verkauft, das man platzsparend aufrollen kann wie eine Tapete, es knittert aber nicht wie Papier.

→ **Deine Zielgruppe**
Deine Zielgruppe sind die aktiven Nutzer:innen und Käufer:innen deines Produktes oder deiner Dienstleistung. Bei der Bestimmung der eigenen Zielgruppe gibt es häufig eine Diskrepanz zwischen »Diese Zielgruppe habe ich mir vorgestellt bei meinen Planungen« und »Diese Menschen nutzen/kaufen meine Produkte wirklich«.
Dabei gilt es, sich auf die Zielgruppe zu konzentrieren, die man auch wirklich erreicht. Anhaltspunkte für deine Zielgruppe können sein: Alter, Familienstand, Wohnort, Sprache, Lebensumfeld, Shoppingverhalten und einige produktspezifische Faktoren. Wenn du also zum Beispiel im Bereich Handarbeiten unterwegs bist: Was interessiert deine Zielgruppe in diesem Segment genau? Anleitungen, Produktempfehlungen, Workshops, Inspiration?

Deine Wunsch-Zielgruppe

Schreibe also zunächst die Zielgruppe auf, die du im Kopf hattest, als du dich für deinen Service oder dein Produkt entschieden hast.

ALTER UND GESCHLECHT

LEBENSUMFELD

FAMILIENSTAND

SHOPPINGVERHALTEN

WOHNORT

PRODUKTSPEZIFISCHE FAKTOREN

SPRACHE

DEINE ERGÄNZUNGEN

Die (manchmal überraschenden) Erkenntnisse aus dieser Analyse kannst du beim Thema Businessplan → **S. 25** noch einmal gut gebrauchen!

Deine tatsächliche Zielgruppe

In dieser Übung geht es darum, deine tatsächliche Zielgruppe kennenzulernen. Also die Menschen, die bereits ein Produkt von dir gekauft haben, deinen Service genutzt haben usw. Besonders leicht kann man das auf digitalen Kanälen verfolgen. Schau dir dafür einmal die **Auswertung** deiner Social-Media-Kanäle und deiner Webseite an → **S. 130**. Wer sind diese Menschen und wie erreichst du sie am besten? Schreibe jetzt auf, welche Zielgruppe dir auf Instagram folgt, auf Pinterest deine Bilder repinnt, wer deine Webseite besucht, wer in deinem Laden war oder deinen Service in Anspruch genommen hat.

ALTER UND GESCHLECHT

FAMILIENSTAND

WOHNORT

SPRACHE

LEBENSUMFELD

SHOPPINGVERHALTEN

PRODUKTSPEZIFISCHE FAKTOREN

DEINE ERGÄNZUNGEN

Preise: alles nachvollziehbar

→ S. 61

Nichts im Leben ist umsonst – und gratis schon gar nicht. Wer einen realistischen Blick auf sein Angebot werfen kann, steht schon mal mit beiden Füßen fest im Business, auch **digital**!

PRAXIS-CHECK → Preisüberlegungen

1. In welchem Bereich bewegen sich deine Preise für deine finale Kundschaft?
2. Und wie stehst du damit im Wettbewerbsvergleich da?
3. Eher im niedrigen, mittleren oder hohen Preissegment?
4. Ist deine Vorstellung von Preis und Leistung gerechtfertigt, stimmt sie also mit deinen kalkulierten Posten von Aufwand und Honorar (oder Warenkosten und Gewinnmarge) überein?
5. Und denkst du, deine tatsächliche Zielgruppe sieht das genauso?

PRAXIS-CHECK → Preisrange visualisieren

Du findest hier eine Art Preisstrahl, ganz links trägst du den Durchschnittspreis der günstigsten Konkurrenz ein, ganz rechts den höchsten Preis. Nun markierst du auf der Linie, wo du dich und deine Preise einordnen würdest.

Niedrig ←→ **Hoch**

Dein Businessplan: Einheit von Idee & Unternehmen

Wer sich mit dem Thema Gründung beschäftigt, stolpert schnell über das Thema Businessplan. Mit diesem kannst du deine Unternehmensidee auf eine solide Basis stellen. Hole dir Hilfe im Gründungsseminar oder bei Business-Coaches! Diese Fakten bilden deine Basis:

PRAXIS-CHECK → Deine Business Basics

1. Wie lauten der Name deines Unternehmens (Rechtsform: s. Punkt 2) und dein persönlicher Name?

___

2. In welcher Unternehmensform möchtest du gründen? Kringele die Rechtsform ein, die du für den Start wählst – Änderungen sind jedem Unternehmen unter Einhaltung der gesetzlichen Vorgaben möglich.

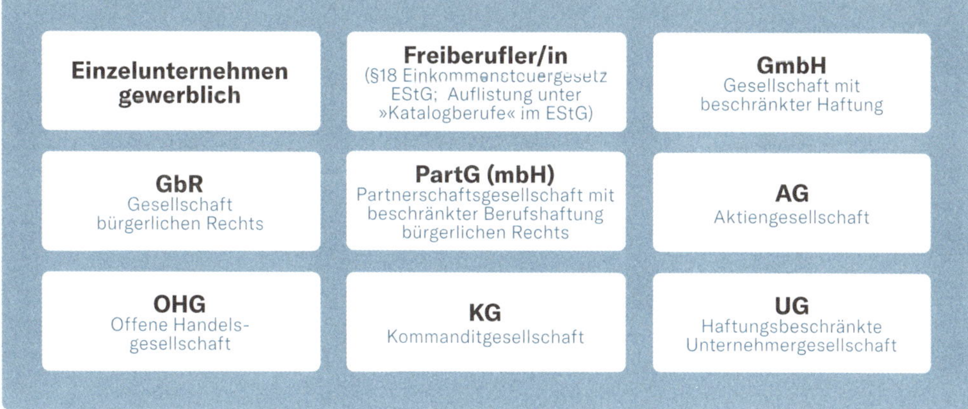

Wenn du dich alleine selbstständig machst, bist du in den meisten Fällen zunächst Einzelunternehmer:in. Wer sich wirklich erst ausprobieren möchte, kann auch ein Kleinstunternehmen ins Auge fassen, bei dem Umsatz und Zeitaufwand, dafür aber teils auch die Kosten geringer sind.

Mehr Informationen zu allen Gründungsformen findest du hier:
www.existenzgruender.de → Gründung vorbereiten/Rechtsformen/Auf einen Blick

3 Wo befindet sich dein Standort? Also dein Büro, der Ort deiner Fertigung, dein Workshop-Space oder Ähnliches.

4 Welche Produkte/Dienstleistungen sollen hergestellt, vermittelt oder verkauft werden?

5 Was ist dein Alleinstellungsmerkmal (→ S. 21)?

6 Wie sieht es aus mit der Konkurrenz? Wie groß ist diese bereits, was funktioniert dort besonders gut/schlecht? Welches Standing haben deine Mitbewerber/innen am Markt, bei welchen Kritikpunkten kannst du besser sein?
→ Tipp: Sieh dir als Erstes immer die Erfahrungsberichte/Kommentare in den Shops oder auf den Social-Media-Kanälen an!

7 Wer ist deine (potenzielle) Zielgruppe (→ S. 22–23)?

WUNSCH-
ZIELGRUPPE

TATSÄCHLICHE
ZIELGRUPPE

8 Wie willst du deine (tatsächliche) Zielgruppe erreichen, was planst du an Werbung, Marketing (→ S. 120)? Unterscheide zwischen Online und Offline, zwischen offensichtlicher, meist zu finanzierender Werbung und gut platzierter, manchmal auch kostenfrei zu gestaltender PR.

9 Wo wirst du dein Produkt/deine Dienstleistung anbieten (Cafés, Läden, eigene Webseite, Versandplattformen, Kreativshops)?

10 Wie ist deine Wachstumsprognose laut Businessplan? Planst du also zum Beispiel mit mehr Personal, längerfristig gesehen? Brauchst du es, um neue Produkte zu entwickeln? Welche Chancen und Risiken siehst du in den kommenden ein bis zwei Geschäftsjahren für die Entwicklung deines Business?

11 Was qualifiziert dich als Gründer:in? (Kaufmännischer Hintergrund? Erfahrung mit Produkt/Dienstleistung? Spezialkenntnisse? Netzwerk? Zielgruppe durch Social Media schon vorhanden?)

Zeitplan: alles im Rahmen

Überlege dir, was du in welchem zeitlichen Rahmen erreichen möchtest und kannst. Ein Beispiel: In einer Woche möchtest du ein grobes Konzept für deine Webseite erstellt haben. In einem Monat kann eine Domain erworben werden. In drei Monaten soll die Webseite online gehen, innerhalb von sechs Monaten soll ein Shop aufgebaut werden, und in einem Jahr möchtest du in diesem Shop erste Produkte verkaufen.

PRAXIS-CHECK → Zeitstrahl

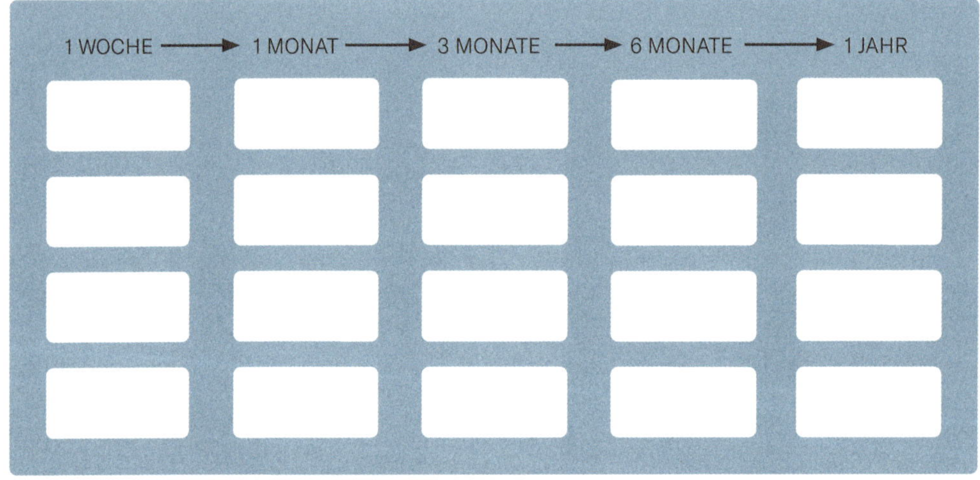

Inhaltliches: Wie weit bist du mit deinem Produkt/deiner Dienstleistung? Wie viel Vorlauf benötigst du noch? Was fehlt, und wann wird genau das zur Verfügung stehen?

Rechtliches: Abgesehen vom Kreativen musst du auch in puncto Finanzamt & Co. die Übersicht behalten! Hast du alle Zulassungen, Anmeldungen, Lieferunterlagen, die du für den Start benötigst?

Wann ist der konkrete Termin für den Start?

PRAXIS-CHECK → Plane deine Ziele fürs kommende Jahr!

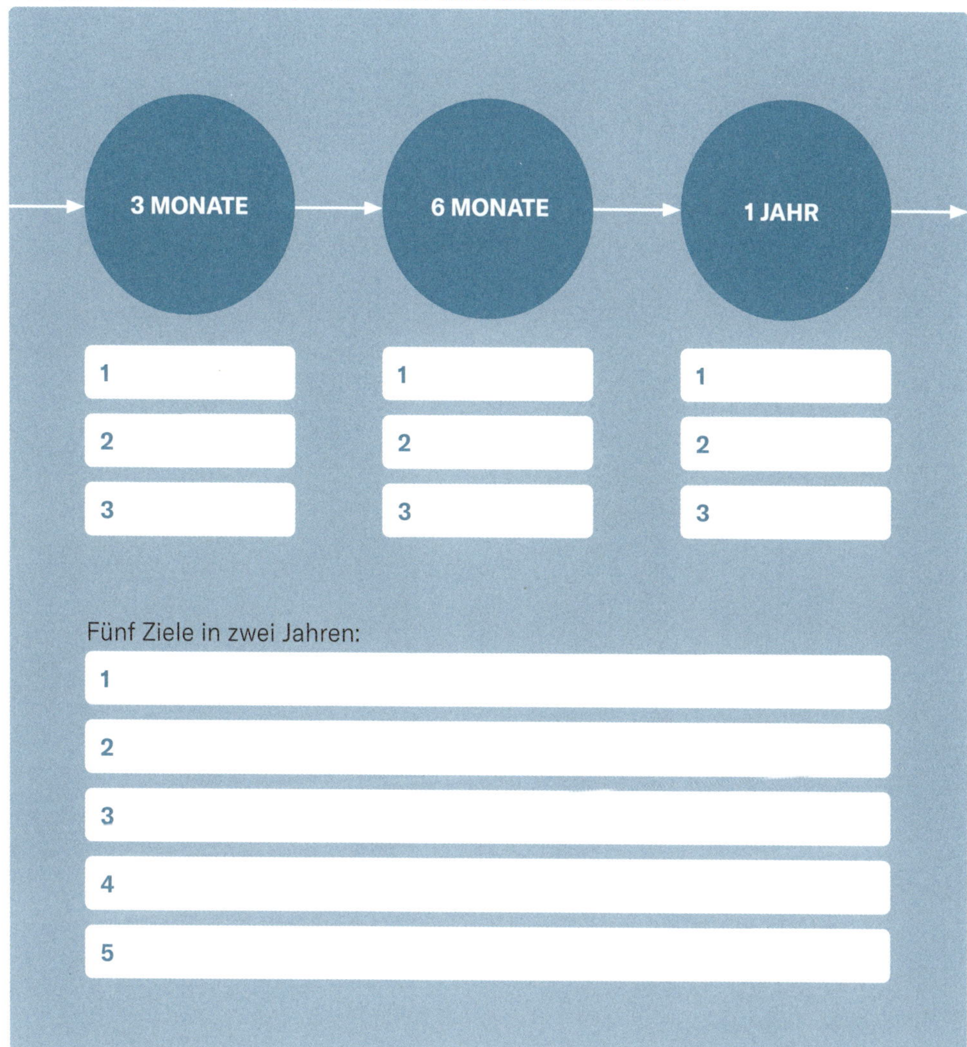

Business Roadmap

Eine Business Roadmap beschreibt übersichtlich die Ziele, die du in den folgenden zwei Jahren erreichen möchtest. So setzt du dir Meilensteine für deine Arbeit und kannst übersichtlich formulieren, was wann gemacht werden muss.

Wie priorisierst du richtig?

Mithilfe der Eisenhower-Matrix kannst du lernen, Aufgaben nach ihrer Wichtigkeit und Dringlichkeit zu sortieren und zu priorisieren. Wichtig dabei: Es geht nicht um Effektivität, also die Dinge richtig zu tun, sondern um Effizienz, also die richtigen Dinge zu tun.

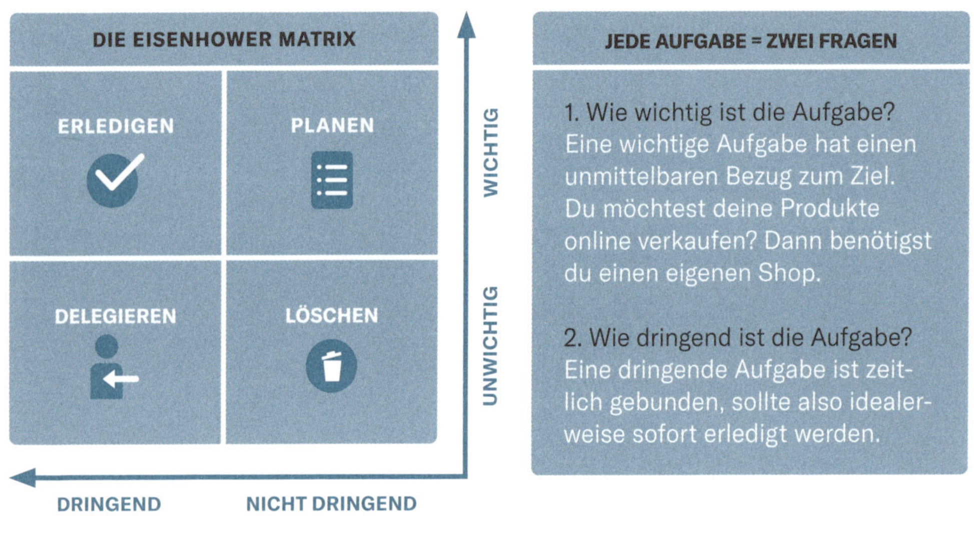

AUFGABEN, DIE NICHT WICHTIG UND NICHT DRINGEND SIND, WERDEN AUSSORTIERT!

Aufgaben solltest du priorisieren und damit ihre Wichtigkeit für dein Unternehmen kennzeichnen, damit du einen besseren Überblick behältst:

wichtig und dringend ____________________

____

wichtig, aber nicht dringend ____________________

____

dringend, aber nicht wichtig ____________________

____

nicht dringend und nicht wichtig ____________________

____

Feedbackrunde

Hole dir von drei Menschen Feedback zu deinen Zielen und deiner Vision ein. Denn manchmal siehst du etwas klarer, indem du darüber sprichst. So erhältst du Input, der dich und deinen Plan noch mal ganz anders weiterbringen kann.

Feedback zur Business-Idee

1

Name

Datum

Feedback

Idee/n zur Verbesserung

2

Name

Datum

Feedback

Idee/n zur Verbesserung

3

Name

Datum

Feedback

Idee/n zur Verbesserung

»Wenn du alles durchdacht hast, kommt der Moment, da musst du einfach springen – denn wärmer wird das Wasser auch nächste Woche nicht!«

Errichte deiner Marke ein Haus

Kennst du noch das Spiel, das man in der Schule oft gespielt hat? »Das Haus vom Nikolaus« hieß es bei uns, und es ging darum, in einem Strich, ohne abzusetzen, ein Haus mit Dach zu zeichnen. Hat man den Trick einmal verstanden, ist es eigentlich ganz leicht. Genau das ist Brand Building! Du baust deiner Marke ein Haus, das wie aus einem Guss ist, mit einem Strich gezeichnet: Alles ergibt Sinn und passt zusammen.

Corporate Identity: vom Schaffen einer Unternehmensidentität

Besonders im Internet ist eine eingängige Brand (Marke) unheimlich wichtig. Man muss auf den ersten Blick erkennen, um welche Art von Produkt oder Service es sich bei einem Angebot handelt. User:innen sollten sich gleich bei dir wohlfühlen (weil alles übersichtlich, zielgruppengerecht gestaltet und anregend präsentiert ist). Und sich dann auch wiederfinden, wie bei einem lieben Menschen zu Hause.

Achte immer darauf, dass du deine Marke stringent verwendest: in deinem Shop, auf deiner Webseite, in deinen Social-Media-Accounts und deinem Newsletter. Das Logo, deine **Gestaltung** (Farbgebung, Schriftarten), aber auch dein (korrekter) Unternehmensname sollten überall dort gleich aussehen und schnell zu erkennen sein.

→ S. 36

Dein Name: Wer? Wie? Was?

Startest du gerade mit deinem Business, ist die Namensfindung ein wichtiger Schritt. Der Name deiner Marke sollte sehr gut überlegt sein, denn du wirst ihn sehr häufig benutzen und immer mehr mit Inhalten füllen. Außerdem sollte er in den Social-Media-Kanälen zu einer gewissen Marktposition gelangen und dort auch Sinn ergeben.

Viele, die als Freelancer:innen einen Service anbieten, denken zunächst an ihren eigenen Namen. Das erscheint auch sinnvoll, ist einfach und bedarf keines langen Herumrätselns. Habe ich auch so gemacht. Und dann habe ich geheiratet und den Nachnamen meines Mannes angenommen. Und musste alles umstellen: Webseite, Social Media, E-Mail-Adresse, ganz zu schweigen von SEO und der Erklärung an alle Geschäftspartner:innen, dass man dieselbe Person ist, nur mit einem anderen Namen. Die Finanzbloggerin Madame Moneypenny war am Anfang ein Ein-Frau-Unternehmen, jetzt hat sie viele Mitarbeiter:innen. Auch das sollte man sich zumindest schon einmal durch den Kopf gehen lassen, bevor man sich für einen personenbezogenen Namen entscheidet.

Unterschied Name & Marke

Eine Marke hat immer zwei Aufgaben: das Unternehmen zu kennzeichnen und für möglichst viel Wiedererkennungswert zu sorgen. Ist deine Marke offiziell beim Deutschen Patent- und Markenamt eingetragen, dürfen sie andere Anbieter nicht zur Kennzeichnung ihrer (ähnlichen) Waren oder Dienstleistungen verwenden. Hauptsache dabei ist, dass keine Verwechslungsgefahr besteht. »Sun« für Bier und gleichzeitig für Heftpflaster wäre also höchstwahrscheinlich beides möglich.

Dabei ist eine Marke nicht einfach nur ein Logo mit Bild und/oder Text, wie das Deutsche Patentamt auf seiner Webseite erklärt: »Das können beispielsweise Wörter, Buchstaben, Zahlen, Abbildungen, aber auch Farben, Hologramme, Multimediazeichen und Klänge sein.« Da dies ein komplexes juristisches Feld ist, bei dem es schnell zu recht kostspieligen Streitfällen kommen kann, solltest du dich am besten juristisch beraten lassen.

Ein natürlicher Name ist direkt mit dir und deiner Person verbunden – das ist bei einer sogenannten »Personal Brand« und einem Angebot, das auch eng mit dir als Mensch verbunden ist, auch total sinnvoll. Ein natürlicher Name, zum Beispiel Katharina Katz, verletzt mit hoher Wahrscheinlichkeit keine anderen Marken, jedoch kann man niemanden mit demselben natürlichen Namen davon abhalten, diesen ebenfalls als Marke anzumelden. Jeder darf seinen natürlichen Namen verwenden, das kann nicht verboten werden.

Inspiration für die Namensfindung

Bandnamen können eine tolle Inspiration sein, sie sind häufig nach bestimmten Kriterien aufgebaut und verführen zum Weiterdenken. Aber auch Farben, Düfte oder Geschmäcker, die du mit deiner Brand verbindest, können ein Anstoß sein, auf einen passenden Namen zu kommen. Manchmal eignet sich auch ein Wortspiel oder ein (nicht zu platter) Reim mit deinem Namen oder Produkt. Achtung, ein Slogan (Werbespruch) ist keine Marke – aber während der Namensfindung kannst du ruhig alles aufschreiben, was dir durch den Kopf geht.

PRAXIS-CHECK → Papa plätschert lustig in der Badewanne

Kennst du noch das alte Kinderspiel, bei dem ein Blatt Papier fünfmal gefaltet wird? Oben schreibt man den Satz »Papa plätschert ...« als Vorlage auf. Dann wird das Papier gefaltet – für das Kinderspiel in fünf Teile (je einmal für »Wer?«, »Was?« und »Wie?« sowie zweimal für das »Wo?« der Handlung). Da dein Markenname kurz und knackig werden sollte, spielst du nur mit drei Teilen.

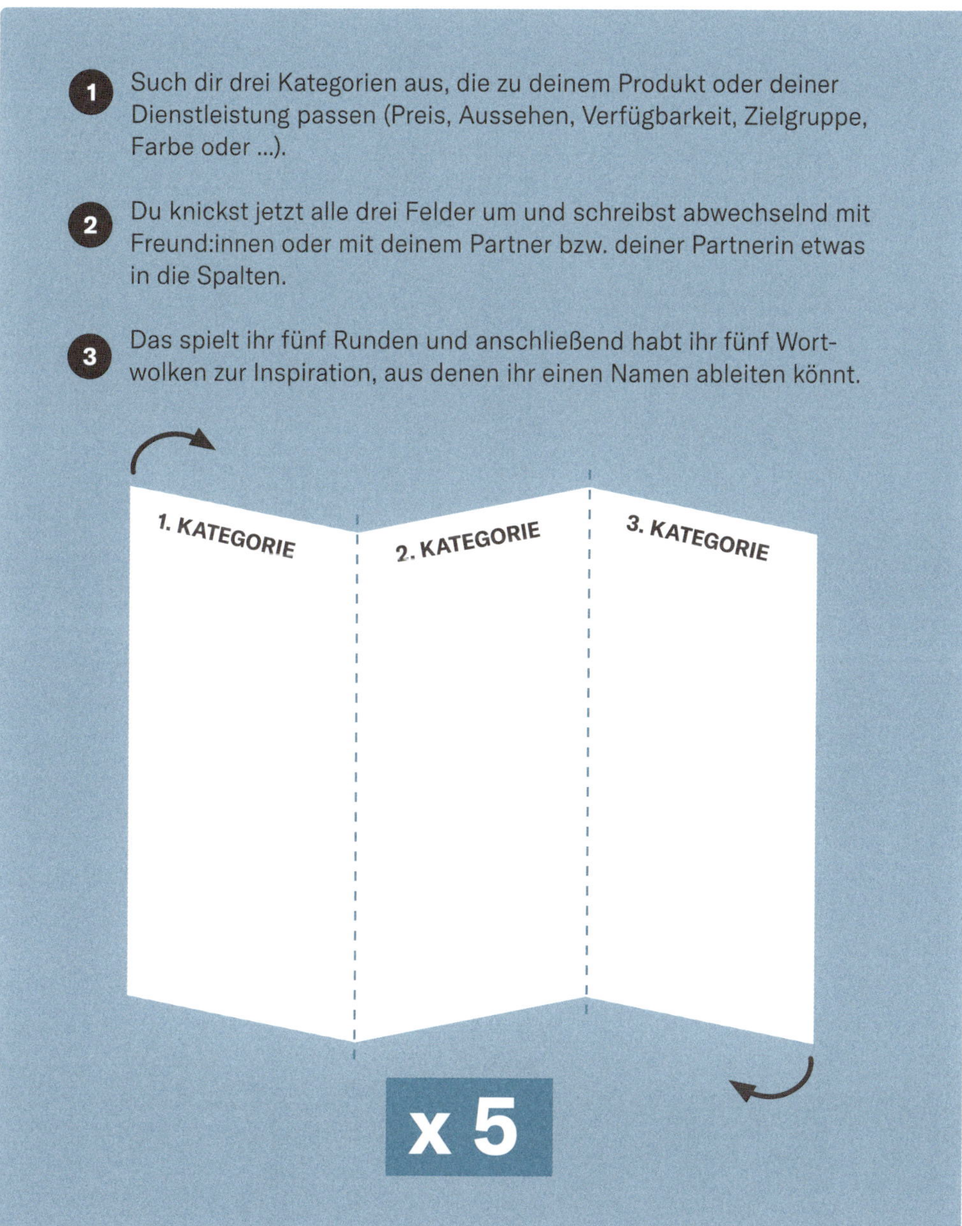

Das Design: Zeit für die Tapetenauswahl

Wenn du deinen Markennamen erst einmal hast, geht es an das Design, die Farben, Schriften und das Layout. Und zwar nicht nur vom Logo, sondern für dein gesamtes »Markenhaus«. Im sogenannten Look & Feel deines gesamten Angebots – natürlich besonders im Digitalen, aber auch bei den physischen Produkten – sollte sich deine durchdachte Gestaltung wie ein roter Faden wiederfinden. So fühlen sich deine Kund:innen immer, egal bei welchem deiner Angebote, schon rein visuell wohl.

Wenn du kein Budget zur Verfügung hast für ein professionelles Design, kannst du mit ein paar einfachen Schritten und den richtigen Tools auch allein eine gute Basis schaffen. Ein paar Hilfen und Tipps habe ich hier für dich zusammengefasst – und mir dafür auch Unterstützung geholt, und zwar von der Branding-Expertin Kathy Ursinus.

KATHY URSINUS

Kathy Ursinus ist seit 2019 als Content-Design-Expertin selbstständig. Die erfolgreiche Solopreneurin stellt eigene Designs für die Design-Plattform Canva her, macht Coachings und verkauft auf ihrer Webseite Vorlagen für Social-Media-Postings – für alle, die weder Zeit noch Talent dafür haben, sich diese selbst zu bauen. Seit 2017 lebt Kathy auf Fuerteventura.

www.kathyursinus.de

kathy.ursinus

→ Kathys Tipps für die Auswahl deiner Schriften

Für Fließtexte solltest du eine gut lesbare Schrift verwenden und dir eine weitere Schrift zum Hervorheben aussuchen, um sie für Akzente – zum Beispiel in einem Social-Media-Post – zu nutzen. Gut erkennbare Screen-Schriftarten sind meistens serifenlos, sie tragen also nicht die kleinen »Schwänzchen« an den Buchstaben, wie man sie aus den meisten Romanen kennt.

Serifenschrift
Times

Serifenlose Schrift
Open Sans

Deine Schriften sollten auf allen Medien, die du für dein Angebot nutzt, konsistent sein. Wähle lieber eine recht standarisierte, bekannte Schriftart aus (keine Sorge, das Besondere deiner Markenwelt kannst du mit anderen Mitteln transportieren!). Beispiele sind Arial, Helvetica, Mont Serrat, Open Sans. Vorteil ist dabei auch, dass sie frei lizenziert sind (auch Schriftarten unterliegen teils dem Urheberschutz), auf zahlreichen Geräten schon vorinstalliert und somit funktionstüchtig sind.

PRAXIS-CHECK → Finde deine Schrift

❗ **Tipp:** Wähle maximal drei für dein Projekt aus – achte darauf, dass sie gut leserlich sind! Ich empfehle dir, zeitlose Varianten zu suchen, damit dir die Schriften nicht in ein paar Wochen auf den Keks gehen.

Abc Abc Abc

Abc Abc Abc

Abc Abc Abc

Abc Abc Abc

Abc Abc Abc

Farben

Branding-Farben sind ein ganz wichtiges Wiedererkennungselement. Die Farben sollten zu deinem Thema, deinem Business und zu dir passen – und dir am Ende auch gefallen! Dabei ist es immens wichtig, dass entweder du ein Gespür dafür hast, wie Farben wirken, oder dass du dir Hilfe suchst. Das kann auch jemand aus deinem Freundeskreis mit einem guten Stilgefühl sein!

Du solltest dich für drei oder vier eher neutral wahrgenommene Farben wie Weiß, Grau, Schwarz, Braun ... entscheiden und eine bis maximal vier Branding-Farben, die in sich Kontraste aufweisen und trotzdem miteinander funktionieren. Am einfachsten geht das mit Komplementärfarben. Wer Inspiration für solche Farbpaletten sucht, kann sich zum Beispiel auf Pinterest Interior Boards anschauen. Dort findet man oft schon schöne Farbpaletten, die nicht zu knallig und dafür harmonisch sind. Unter dem Stichwort Farbpalette findest du sowohl Programme im Internet, die dich beim Anmischen unterstützen, als auch bereits zusammengestellte Vorschläge. Einen umfangreichen Service samt Umrechnungen bietet das Adobe-Farbrad (*color.adobe.com/de*).

Wenn du noch keine Vorkenntnisse in diesem Bereich und keine:n Grafikdesigner:in an deiner Seite hast, lies dich lieber erst ein wenig ein – wie entstehen Farben beim Drucken, wie werden sie auf dem Bildschirm dargestellt, warum kann eine Farbe (ungewollt) changieren? Wenn es ans Drucken deiner Visitenkarten oder Flyer samt (farbigem) Logo geht, solltest du spätestens beim Drucker eine:n freundlichen Ansprechparter:in finden, damit du gut begleitet wirst.

Farben am Bildschirm sind wieder ein ganz anderes Thema als Druckfarben. Bildschirmfarben werden nur bei sogenannten kalibrierten Screens realistisch dargestellt – und die haben die wenigsten zu Hause. Die Auswahl deiner Markenfarbe solltest du also am besten mit Farbmustern vornehmen; größere Digitalprinter sollten sie vorrätig haben und dir einen Blick darauf ermöglichen.

Die Namen der Schriften, jeweils von links nach rechts:

1. Reihe: Times Bold, Arial Bold, Arial Italic
2. Reihe: Open Sans Light, Pluto Sans Regular, DIN Light
3. Reihe: Shadows Into Light Regular, Source Sans Pro Regular, Menlo Regular
4. Reihe: Today Sans Serif Bold Italic, Univers 57 Condensed, Helvetica Light
5. Reihe: Letter Gothic Medium, Museo Sans, ITC Officina Sans Book

PRAXIS-CHECK → Deine Farbpalette

Auf dieser Seite kannst du unterschiedliche Farbkombinationen ausprobieren, nutze dazu auch verschiedene Stiftsorten und Materialien wie Wasserfarben oder Wachsstifte!

Du kannst deine Businessfarben auch in die Bilder auf deinen digitalen Kanälen einfließen lassen, zum Beispiel, indem du einen Pullover in »deiner« Farbe auf deinen Fotos trägst, indem sie im Setting deiner Produktbilder auftauchen oder als Schriftfarbe in deinem Instagram-Post. So schaffst du spannende visuelle Verbindungen, die deine User:innen ganz unterbewusst, aber nachhaltig wahrnehmen. Das sorgt für Wiedererkennung und auch für den Eindruck, dass sich da jemand Gedanken darum gemacht hat, wie der Post aussehen soll. Und so vermittelst du den (Mehr-)Wert deiner Marke.

Tipp: Probiere die Schriften und Farben auf einer kostenlosen Designplattform wie Canva *(www.canva.com)* miteinander aus. Bei Canva arbeitest du direkt im Browser, du musst also kein Programm herunterladen, dafür aber eine Internetverbindung haben. Spiele mit ausgewählten Farben und Beispieldesigns.

GRAFISCHE ELEMENTE

Die visuellen Elemente, die du für dein Business verwendest, sorgen dafür, wie deine Gestaltung wirkt – ob als Foto für einen Post oder im Rahmen deines Webdesigns. Überleg dir vorher: Soll dein Auftritt verspielt sein oder eher seriös? Natürlich sollte das auch im Einklang mit deiner Marke und ihrer Positionierung stehen. Erlaubt ist, was dir gefällt – UND zu deinem Business passt. Grob kann man zwei Ansätze unterscheiden:

Geometrisch: harte Kanten wie bei Quadraten und sonstigen Vielecken, alles hat eine Ecke und damit auch einen Winkel.

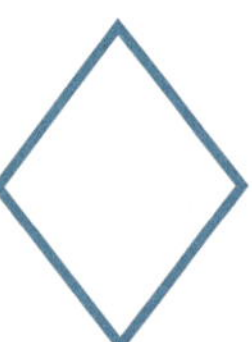
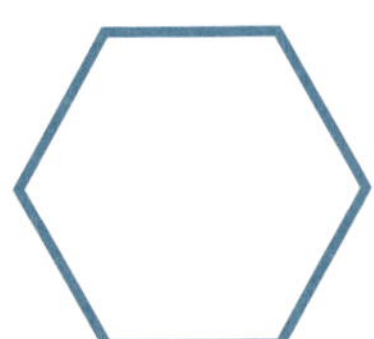

Verspielt: weiche Rundungen wie bei Kreisen, Biegungen, Punkten, es sind eher keine geraden Linien oder Winkel zu finden.

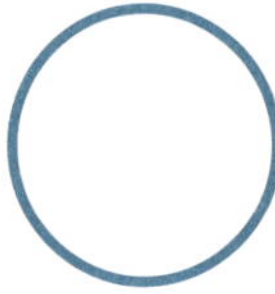

Toll sind auch kleine Elemente und Illustrationen, die deinen Post gleich grafisch auflockern!

PRAXIS-CHECK → Brand Board erstellen

Die vorigen Seiten waren teilweise ganz schön theoretisch – ähnlich wie bei einem Hausbau musst du dich beim Gründen mit vielen Entscheidungen herumplagen. Doch das Gute ist, dass du die kreative Freiheit hast und keine:r redet dir rein! Hier ist Platz für dein Brand Board: Klebe hier dein Logo, ausgewählte Schriftensets und deine Farbrange ein.

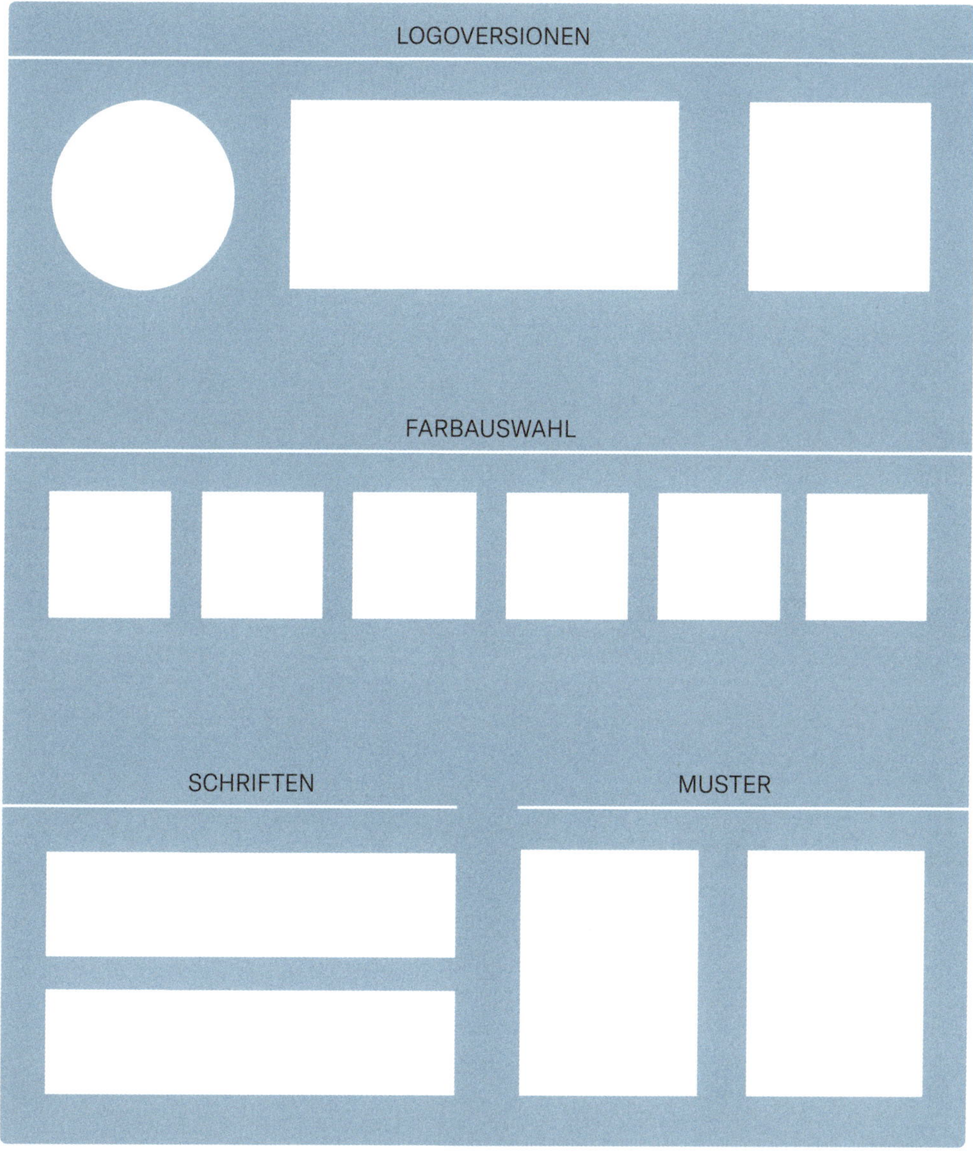

Die Sprache

Nachdem du dir jetzt einen Look für deine Marke überlegt hast, geht es darum, wie du die Menschen ansprechen möchtest.

In der deutschen Sprache sollte man sich immer überlegen, ob man duzt oder siezt. Wer zunächst an seine Social-Media-Kanäle denkt, wird jetzt meinen: leicht! Ich duze natürlich. Bedenke aber, dass eine informelle Ansprache auf einer Webseite ganz anders wirkt. Die Entscheidung hat nicht nur mit deiner Art zu schreiben zu tun, sondern sollte vor allem mit Blick auf deine (tatsächliche) **Zielgruppe** getroffen werden.

→ S. 23

Im Idealfall entscheidest du dich jedoch durchgehend für EINE Ansprache auf ALLEN Kanälen! Inspiration für Formulierungen findest du in den Zeitschriften und Medien, die deine (tatsächliche) Zielgruppe gern konsumiert.

PRAXIS-CHECK → Zielgruppenansprache in anderen Medien

Ansprache:	○ DU ○ IHR ○ SIE
Wen sprichst du an, wer ist deine Zielgruppe?	
Adjektive, die häufig vorkommen:	
So werden Überschriften getextet:	○ kurz und knackig ○ mit ein bisschen Witz ○ ernsthaft ○ mit Ironie ○ mit Verkaufsintention
Werden bestimmte Fach- oder Fremdwörter als Vorwissen deiner Zielgruppe vorausgesetzt?	
Wie viel Englisch ist erlaubt?	

Deine Webseite: deine Heimat

Deine Webseite ist nicht nur deine Visitenkarte im Netz, sie ist dein Zuhause in der digitalen Welt. Hier sollten alle Informationen über dich, dein Business und alle deine Angebote zusammenlaufen, und zwar so, dass sich Besucher:innen auf deiner Seite willkommen fühlen und einen Mehrwert erfahren. Übersichtlich und informativ sollte dein digitales Angebot also sein, was du mithilfe der Auflistung unten planen kannst.

Wenn du schon beim Aufbau der Webseite weißt, dass du auch einen Shop erstellen wirst, lohnt sich die Wahl eines Anbieters, der den **Shop** direkt in die Webseite integrieren kann. **→ S. 66**

PRAXIS-CHECK → Eine Navigation durch dein digitales Zuhause

Welche Kategorien möchtest du in dein Hauptmenü integrieren – benötigst du Unterkategorien? Welche Inhalte möchtest du veröffentlichen, und welcher Kategorie möchtest du diese zuordnen?

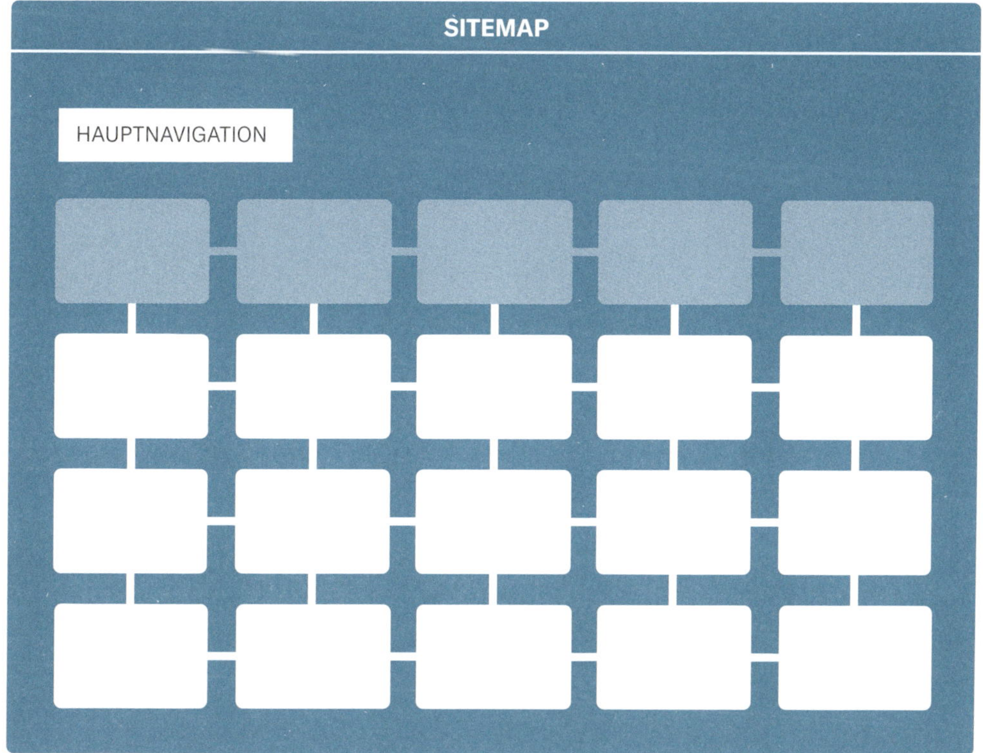

Art deiner Webseite

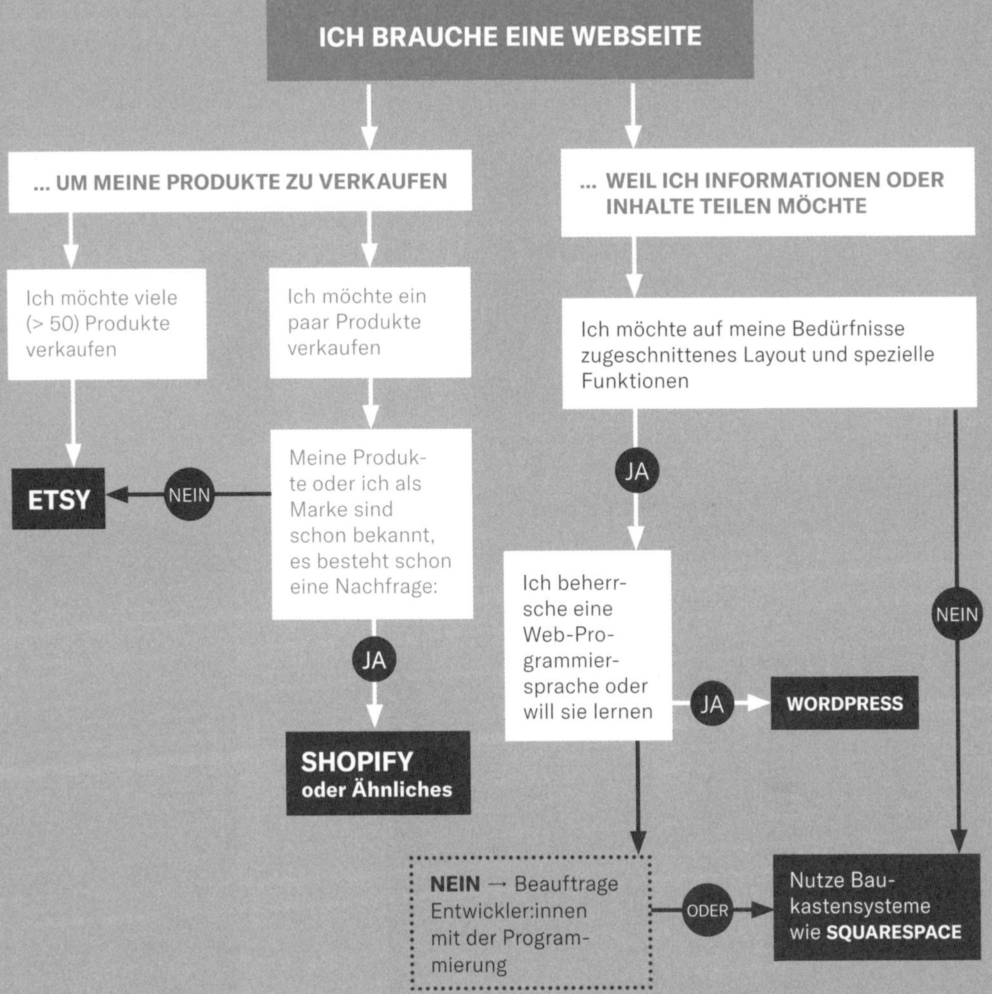

Du weißt jetzt schon durch dein Konzept und deine Überlegungen zur Zielgruppe und Ansprache genauer, wo du dich mit deiner Marke und deinem Angebot im Netz positionieren möchtest. Aus diesen Grundpfeilern entsteht nun deine Online-Präsenz.

Überlege dir, welche Inhalte du im digitalen Raum teilen möchtest und welche Informationen auf keinen Fall fehlen dürfen. Möchtest du zum Beispiel einzelne Rubriken aus deinem Shop noch einmal auf der Startseite oder auf einer Unterseite intensiver erklären, soll es Terminvorschläge geben, möchtest du einen persönlichen Blog oder ein informatives Magazin integrieren?

Die Hauptnavigation führt User:innen durch deine Webseite. Hier solltest du unbedingt darauf achten, sie möglichst übersichtlich zu gestalten. Am Anfang reichen maximal sechs Oberthemen in der Hauptnavigation. Oberthemen können sein: About – Kontakt – Shop – Presse. Ergänzend noch Social-Media-Icons einbetten, auf denen du direkt zu deinen Kanälen verlinkst. Das sind deine Kategorien. Diesen ordnest du deine Beiträge über die Verteilung der passenden Attribute zu. So wird ein Zeitungsartikel, in dem du erschienen bist, der Kategorie »Presse« zugeordnet. Der Eintrag, in dem du dich und deine Idee näher vorstellst, liegt unter »About«. Es besteht zudem die Möglichkeit, Unterkategorien zu schaffen, die wiederum als Unterpunkte in der Hauptnavigation auftauchen. Bei »Presse« könnten das »Online-Artikel« und »Print-Artikel« sein.

Feedbackrunde

Hole dir von drei Menschen Feedback zu deinen Ideen für eine Corporate Identity ein. Wenn du über deine Ideen mit anderen sprichst, erkennst du schnell, ob sie auch für andere verständlich sind. Du wirst sicher dadurch neue Inspirationen erhalten, und der Input wird dich wieder einen Schritt weiterbringen.

Feedback zum CI für das Business

1

Name

Datum

Feedback

Idee/n zur Verbesserung

2

Name

Datum

Feedback

Idee/n zur Verbesserung

3

Name

Datum

Feedback

Idee/n zur Verbesserung

»Wenn du als Brand nichts Interessantes zu sagen hast, bist du wohl nur ein Produkt.«

SPENCER BAIM
Chief Brand Officer der VICE Media Group

Dein Lebensunterhalt

Die Sache mit den Finanzen

Wenn ich einen Brief mit dem Logo des Finanzamtes in meinem Briefkasten finde, kriege ich schwitzige Hände und werde nervös. Ich habe grundsätzlich das Gefühl, jetzt als nächste Finanzsünderin ertappt zu werden – obwohl ich einen Steuerberater habe und ganz brav meine Buchhaltung mache. Das Finanzamt ist ein bisschen wie früher dieser eine Lehrer, der einen streng angeschaut hat, weil er dachte, man hätte abgeschrieben. Selbst wenn das nicht der Fall war, wurde man knallrot und fühlte sich ertappt – und die Moral von der Geschicht': ohne Steuerberater lieber nicht.

Kenne deine Zahlen!

Die Sache mit den Finanzen ist sicherlich die wichtigste Grundlage deiner Selbstständigkeit. Dafür solltest du dir direkt am Anfang überlegen, was du wirklich brauchst und mit welchen Ausgaben und Investitionen du rechnen musst. Als Freelancer:in kannst du dich schon mit deinem Laptop und einer Idee selbstständig machen. Wenn du einen Online-Shop aufbaust, kommen Kosten für die Produktion oder den Großeinkauf deiner Produkte dazu, Hosting-Gebühren und eventuell Programmierungskosten für deinen Online-Shop, je nach geplanter Sortimentsgröße auch Kosten für Lagerung und Versand.

Was du auf alle Fälle brauchst, ist die Geduld, dich mit unternehmerischen Finanzen, Buchhaltung und kaufmännischem Recht auseinanderzusetzen. Keine Sorge, es gibt zahlreiche Beratungshilfen (bei Gründerzentren, im Netz), und auch eine Steuerberatung kann sich lohnen!

Außerdem helfen dir Software-Tools: Es gibt sogar welche, die im Browser deine Rechnungen schreiben und Belege buchen, sodass du von überall (mit WLAN) auf deine Buchhaltung zugreifen kannst. Aber auch die gute alte Tabellenkalkulation kann für dein Business übersichtlich genug sein.

Eine Kalkulation deines betrieblichen Vorhabens musst du bereits deinem Businessplan (für den Antrag des Gründungszuschusses) beilegen. Selbst wenn du keinen Zuschuss beantragst, solltest du deine Zahlen kennen! Dabei schätzt du ein, wie hoch deine Fixkosten sind und wie sie im Verlauf deines Geschäftsjahres steigen oder sinken werden. Eine Vorhersage deiner Einnahmen (auch im Jahresverlauf) stellst du dem gegenüber; zusätzlich spielen noch dein ins Unternehmen eingebrachtes Vermögen sowie deine Lebensunterhaltskosten eine Rolle. So kannst du ganz leicht ermitteln, wie dein Cashflow sein wird. Diese Berechnung zeigt dir, ob du mit deiner bisherigen Planung auf solider Finanzierung stehst oder wo noch nachjustiert werden muss.

EÜR, BWA & GuV

Eine Einnahmenüberschussrechnung (EÜR) ist den Freien Berufen sowie Kleingewerbetreibenden vorbehalten, die keine Pflicht zur Bilanzierung haben. Kaufleute dagegen sind laut Handelsgesetzbuch (HGB, § 1) diejenigen, die ein Handelsgewerbe treiben. Und die sind zur Buchführung verpflichtet. Die Rechnung der EÜR verschafft dir jedoch auch einen groben Überblick, wenn du später wegen der Art deines Unternehmens bilanzieren musst. Sie lautet im Grunde ganz simpel:

BETRIEBLICHE EINNAHMEN
− BETRIEBLICHE AUFWENDUNGEN

= ÜBERSCHUSS

Werden die Umsatzerlöse ohne Umsatzsteuer angegeben, spricht man von einer Betriebswirtschaftlichen Auswertung (BWA). Rechtliche Grundlage dafür ist in §4(3) EStG verankert – auch die BWA kommt für Freie Berufe in Frage.

Die Gewinn- und Verlustrechnung (GuV) dagegen enthält differenziertere Posten der Erträge und Aufwendungen und kann so ein konkreteres Bild zur Vermögenslage eines Unternehmens zeichnen. Die GuV ist auch Teil der Bilanz und des Jahresabschlusses von Unternehmen.

PRAXIS-CHECK → Haushaltskalkulation

Für die Kalkulation ist entscheidend, wie hoch deine Kosten zum Lebensunterhalt sind. Lebst du als Teil einer Partnerschaft oder Familie in derselben Wohnung, berechnest du erst einmal die gesamten Kosten und rechnest dann anteilig deinen Part aus (etwa, wenn dein Partner die Hälfte der Miete übernimmt oder die Kinder komplett finanziert). Mithilfe der folgenden Übersicht kannst du deine laufenden Posten vorab überschlagen:

Wohnkosten
(Miete warm inkl. Strom/Wasser/Gas)

ÖPNV-Karten

Telefon/Internet

Lebensmittel, Kleidung, Freizeit

Versicherungen
(KV, RV, private Altersvorsorge ...)

Hausrat, Reparaturen

Private Kredite/Bausparverträge

Bildung/Unterhaltung

Kfz-Steuer/-Versicherung

Rücklagen (für Urlaub/Krankheit)

Auto-Unterhalt

Sonstiges (z. B. Tierhaltung)

Summe aller Kosten

Förderungen & Herausforderungen

Viele Selbstständige aus den Freien Berufen und somit auch im digitalen Bereich brauchen am Anfang nicht viel: Ein Laptop und ein Küchentisch sowie eine Kaffee-Flatrate können da schon reichen. Ganz anders sieht es jedoch aus, wenn du bei der Herstellung oder dem Einkauf deiner Produkte in Vorleistung gehen musst, wenn du Geld benötigst, um deinen Online-Shop programmieren zu lassen oder eine neue Kamera sowie sonstige Geräte für die Produktion kaufen musst. Das sind schnell Summen, bei denen eine Finanzierung gesichert sein muss. Dies kann durch Einsatz deiner privaten Rücklagen erfolgen, aber auch durch eine Kreditaufnahme bei höheren Summen.

Bevor du dich in die Welt der Förderungen und Kredite begibst, sollte jedoch eines ganz sicher sitzen: dein Pitch. Das Wort kommt aus dem Englischen und bedeutet übersetzt »werfen«. Man wirft dem anderen seine Idee zu – umreißt sie also nur, anstatt sie ausufernd zu erklären. Du musst bei einem Pitch andere in kürzester Zeit von dir, deiner Idee, deinen Produkten oder deiner Dienstleistung überzeugen. Und das geht am besten so:

Keep it short and simple → Versuche deine Idee kurz und knackig zu präsentieren. Dabei merkst du schnell, ob sie (zu) viele Erklärungen benötigt oder sofort verstanden wird.

Sei authentisch → Wenn du jemandem von deiner Idee erzählst, bleib einfach ganz du selbst, du musst nicht professioneller oder seriöser, selbstbewusster oder erfahrener wirken. Bleib dir treu!

Kenn deine Zahlen → Du solltest die Welt rund um dein Produkt oder deine Dienstleistung studieren und gut kennen – dann bist du auch auf jede Frage vorbereitet.

Und im Zweifel: improvisieren!

Wenn du dir mal anschauen möchtest, wie so ein Pitch aussehen kann, lohnt sich ein Blick in das TV-Format »Die Höhle der Löwen«. Hier pitchen Gründer:innen ihre Idee an potenzielle Geldgebende. Besonders die kritischen Nachfragen und die Reaktionen der angehenden Unternehmer:innen sind manchmal Gold wert und werden dich weiterbringen!

PRAXIS-CHECK → Elevator Pitch

Der Begriff Elevator Pitch hat tatsächlich etwas mit einem Fahrstuhl zu tun. Es geht dabei darum, sich vorzustellen, wichtige Geldgebende oder Business-Partner:innen im Fahrstuhl zu treffen und die eigene Idee während dieser kurzen Fahrstuhlfahrt so zu präsentieren, dass dein Gegenüber sie erstens gut versteht und zweitens begeistert davon ist.

Ein Elevator Pitch sollte in 60–120 Sekunden erledigt sein, nicht viel Zeit also. Deshalb solltest du dich auf das Wesentliche konzentrieren: Was bietest du an? Welches »Problem« (für deine Kundschaft) löst du damit? Warum bist gerade du besonders geeignet dafür? An welchem Punkt stehst du mit deinem Business (fertiges Konzept, Businessplan, erste Verkäufe?), und was sind deine nächsten Schritte?

WAS bietest du an?

Welches **PROBLEM** löst du mit deiner Idee?

Warum bist **DU** besonders gut dafür geeignet?

WO stehst du mit deiner Idee?

Was sind deine nächsten **SCHRITTE?**

Der Gründungszuschuss: Hilfe vom Staat

Sicherlich die bekannteste Form der Förderung für angehende Selbstständige ist der Gründungszuschuss, der gesetzlich im Sozialgesetzbuch (§§ 93 ff. SGB III) geregelt ist. Das Geld kommt aus dem Topf der Bundesagentur für Arbeit. Beachte, dass der Zuschuss VOR der Gründung beziehungsweise dem Start in die Selbstständigkeit beantragt werden muss. Der:die Antragstellende muss zudem noch mindestens 150 Tage Anspruch auf das Arbeitslosengeld I haben.

Um den Zuschuss beantragen zu können, musst du also arbeitslos gemeldet sein und einen Anspruch auf Arbeitslosengeld I haben. Auf jener Basis bemisst sich dann auch die Höhe des Zuschusses. Er beträgt das errechnete Arbeitslosengeld I plus 300 Euro für deine Krankenversicherung für die Dauer von sechs Monaten, die folgenden neun Monate lang erhalten bezuschusste Gründer:innen dann nur noch 300 Euro, wenn die Weiterförderung von der Arbeitsagentur genehmigt wurde. Der Zuschuss ist steuerfrei und unterliegt nicht dem Progressionsvorbehalt, muss also auch nicht in deiner Einkommenssteuererklärung angegeben werden.

Auch wer Arbeitslosengeld II bezieht, kann finanzielle Hilfe beim Gründen erhalten. Das nennt sich dann Einstiegsgeld. Ein möglicher Antrag wird persönlich mit dem:der Mitarbeiter:in der Bundesagentur für Arbeit besprochen. Zusätzlich zum Lebensunterhalt können in diesem Fall auch betriebliche Anschaffungen mitfinanziert werden.

Man kann den Gründungszuschuss nur einmal pro Gründung beantragen, und ein rechtlicher Anspruch auf den Zuschuss besteht nicht. Es wird geprüft, ob du durch deine Selbstständigkeit zukünftig deinen Lebensunterhalt bestreiten kannst, aber auch, ob du dafür auf eine Starthilfe vom Staat angewiesen bist oder ob deine Auftragslage so gut ist, dass du keine Unterstützung in Form des Zuschusses benötigst. Es lohnt sich also, sich für die Vorbereitung professionelle Hilfe zu suchen.

Die Bundesagentur für Arbeit vermittelt Seminare für Gründer:innen, Hilfe findest du aber auch bei der IHK, bei sonstigen Berufsverbänden, bei spezialisierten Rechtsanwält:innen oder in einem Steuerbüro.

CHECKLISTE

Voraussetzungen für den Gründungszuschuss

- Du bist arbeitslos gemeldet (mindestens einen Tag).
- Du hast noch mindestens 150 Tage Anspruch auf Arbeitslosengeld I.
- Der zeitliche Umfang deiner Selbstständigkeit wird mindestens 15 Stunden pro Woche betragen und wird somit per Definition hauptberuflich erfolgen, wodurch die Arbeitslosigkeit beendet wird.
- Du besitzt die notwendigen Kenntnisse und Fähigkeiten zur Ausübung (d)einer selbstständigen Tätigkeit.
- Du erstellst einen Businessplan samt Konzept, Lebenslauf, Finanzplan und Rentabilitätsprognose für die kommenden drei Jahre.
- Der zu erwartende Gewinn muss deine Existenz sichern.
- Du hast die notwendigen Bescheinigungen von einem Steuerbüro, der Handelskammer oder anderen Institutionen (je nach Art deiner Gründung) besorgt.

Das fehlt dir noch:	Zu erledigen bis:

Feedbackrunde

Hole dir von drei Menschen Feedback zu deiner Kalkulation! Das können Profis aus der Finanzwelt sein, müssen es aber nicht. Am besten natürlich, du kannst dir auch Hilfe von einem Unternehmer oder einer Unternehmerin holen, die sich schon am Markt behaupten konnten. Mit diesem Input kommst du deinem Ziel sicherlich noch näher!

Feedback zur Business-Kalkulation für

1	Name		Datum	
	Feedback			
	Idee/n zur Verbesserung			
2	Name		Datum	
	Feedback			
	Idee/n zur Verbesserung			
3	Name		Datum	
	Feedback			
	Idee/n zur Verbesserung			

»Wenn ich einen Job in 30 Minuten mache, dann deshalb, weil ich zehn Jahre damit verbracht habe, zu lernen, ihn in 30 Minuten zu machen. Sie bezahlen also für die Jahre, nicht für die Minuten.«

DAVY GREENBERG

US-amerikanischer Videoproduzent und Content Creator, dessen Tweet über die Vergütung von Kreativen 2019 mit mehr als 36 000 Retweets und 123 000 Likes viral ging.

Let's get digital!

Mit deinem Business online sichtbar werden

TEIL 2

↑

Auf zu neuen Welten

Es gibt einige Berufsfelder, die sind lange Zeit online unvorstellbar gewesen – Hebammen und ihre Geburtsvorbereitungskurse beispielsweise. Aber hast du schon einmal in einer Stadt wie Berlin versucht, einen Platz in einem solchen Kurs zu bekommen? Während der weltweiten Corona-Pandemie sind viele Dinge möglich geworden – regelmäßiges Homeoffice und flexible Arbeitszeitregelungen zum Beispiel, aber eben auch digitale Kurse zu Themen, die online undenkbar schienen. Und auch das Shoppingverhalten hat sich in den letzten Jahren verändert; durch die Pandemie wurde dies noch einmal beschleunigt.

Wir bewegen uns alle immer freier und intensiver im Internet – und dort finden wir jetzt auch einen Platz für dich. Ob Online-Kurs oder Online-Shop, zunächst benötigst du eine Plattform, auf der dein Angebot stattfinden soll, in vielen Fällen ist das deine eigene Webseite. Im ersten Teil von »Let's get digital« geht es darum, wie du einen Online-Shop für deine Produkte aufbauen kannst, wie du für deine Dienstleistungen Online-Kurse planst, sie kreativ und ansprechend gestaltest und was du rechtlich beachten musst. Im zweiten Teil erkläre ich dir, wie deine Kund:innen oder Nutzer:innen dich auch finden. Ich zeige dir, was Online-Marketing und Social Media bewirken können und was dieses mysteriöse SEO eigentlich ist, von dem immer alle sprechen. Bereit? Dann los!

Im Jahr 2020 wurden im E-Commerce fast 73 Milliarden Euro umgesetzt, ein Plus von 23 Prozent (Quelle Statista, Mai 2021).

Online-Shop: Präsenz 24/7

Ich bin ein sehr ungeduldiger Mensch. Ich möchte am liebsten alles sofort können, verstehen und umsetzen. Bevor ich eine Bedienungsanleitung lese, probiere ich lieber erst einmal alles aus, nur um dann frustriert doch noch zu dem Papier zu greifen, wenn die Schublade schlussendlich falsch herum angebracht ist oder die Tür des Schranks nicht schließt. Warum ich das erzähle? Nun, einen eigenen Online-Shop aufzubauen, ohne Programmier-Profis oder anderweitiges Knowhow an deiner Seite, ist auch ein bisschen wie Möbel aufbauen ohne Bedienungsanleitung. Man kann viel durch Ausprobieren lernen, aber für einiges braucht man einfach Hilfe. Wie diese aussehen kann und was du ohne Probleme selbst machen kannst, erfährst du in diesem Kapitel.

Dein Online-Shop
Jetzt wird verkauft!

Weißt du, was das Schönste an einem eigenen Online-Shop ist? Du bist dein eigener Boss, und das ganz ohne Ladenmiete oder nervige Nachbarn. Du kannst entscheiden, was du wann wie verkaufen möchtest, und hast alles übersichtlich an einem Ort zusammen. Mit ein bisschen Knowhow ist dein Online-Shop Marketing-Instrument, Lagerbestandssystem und Buchhaltung in einem. Du bietest mit gelungenen Fotos und präzisen Texten ein übersichtliches Schaufenster deiner Produkte, du kannst zudem in den Analyse-Tools genau nachverfolgen, welche dann doch nicht im Warenkorb landen. Du hast so die Möglichkeit, deine Kund:innen ganz neu kennenzulernen und ihre Wünsche noch besser zu verstehen. Hereinspaziert in die wundervolle Welt der Online-Shops!

Es gibt verschiedene Herangehensweisen an den Aufbau eines Online-Shops. Welche für dich passt, hängt auch davon ab, wie gut du in Sachen Design und Programmieren bist oder ob du jemanden kennst, der:die dir in diesen Punkten weiterhelfen und dich anlernen kann. Wie zuvor für deine Business-Idee mach dir auch hier vorab ein paar Gedanken, wie dein Online-Shop aussehen soll, was er können muss, was du mit ihm erreichen möchtest und wie du ihn aufbauen willst. Gemeinsam werden wir uns Schritt für Schritt auf den Weg machen, mit den Features, die du brauchst, und den Tools, die du selbst beherrschst oder erlernen kannst.

First things first: deine Plattform wählen

Du kannst über einen externen Anbieter wie den digitalen Marktplatz *www.etsy.de* gehen, du kannst einen Shop in deine bestehende Webseite integrieren (zum Beispiel über Plug-ins auf Wordpress, Squarespace oder Wix), einen großen Anbieter für Online-Shops nutzen (Shopify) oder du baust den Shop mithilfe von Programmierer:innen/einer Agentur selbst auf. Der Vorteil eines selbst programmierten Shops ist natürlich, dass du volle Gestaltungsfreiheit hast und neben den Domainkosten und denen für die Zahlungsanbieter lediglich einmalig für die Programmierung zahlst. Diese Arbeit ist aber besonders am Anfang einer Selbstständigkeit ein sehr großer Kostenpunkt. Du solltest dir unbedingt alles erklären lassen, damit du kleinere Änderungen selbst vornehmen kannst. Bei einem Baukastenmodell, bei dem du vorgefertigte Lösungen aus Plug-ins oder von großen Anbietern nutzt, ist dein persönlicher Gestaltungsspielraum zwar begrenzter, dafür ist es viel »learning by doing«, und du kennst deinen **Shop** danach gut.

→ S. 66–67

ANBIETER	SERVICE	PREIS
Etsy	Auf Etsy stehen dir ein eigener Shop und die Etsy-Plattform zur Verfügung, um deine Produkte zu verkaufen.	Etsy-Pattern ab 15 Euro pro Monat
ANBIETER	**SERVICE**	**PREIS**
Baukasten-webseiten wie Squarespace oder Wix	Viele bieten die Möglichkeit, einen eigenen Shop zu integrieren. Das Design der Webseite bleibt bestehen.	je nach Anbieter ab 20 Euro pro Monat
ANBIETER	**SERVICE**	**PREIS**
Shopsysteme wie Shopify	auf einfachem Weg und mit wenigen Vorkenntnissen zum eigenen Shop	je nach Anbieter ab 29 Dollar pro Monat
ANBIETER	**SERVICE**	**PREIS**
eigener Shop	komplett auf dich und deine Bedürfnisse zugeschnittener Online-Shop	je nach Anbieter ab 2000 Euro

PRO	CONTRA	FAZIT
Du kannst sofort loslegen, du brauchst nur Produktfotos. Du kannst mit Etsy-Pattern inzwischen auch deine eigene Webseite bauen.	sehr eingeschränkte Designauswahl eine »Fremdplattform«	perfekt für den Einstieg

PRO	CONTRA	FAZIT
individualisierbare Designs, verschiedene Tools für Vermarktung und Gestaltung, leichte Bedienbarkeit	Einschränkungen im Design und Abhängigkeit vom Baukastenanbieter, keine Features wie zum Beispiel Filtern von Produkten, keine Gutscheine möglich	super für kleines Produktsortiment

PRO	CONTRA	FAZIT
individualisierbare Designs, verschiedene Tools für Vermarktung und Gestaltung, immer aktuell, Hunderte Integrationen mit anderen Services, Features wie Filter (bei größerem Sortiment), Shop kann auch mit einer bestehenden Webseite verknüpft werden	Du musst den Shop neu bauen (lassen), Einschränkungen im Design, Abosystem (monatliche Kosten, die auch erhöht werden können).	perfekt bei einer großen Auswahl an Produkten

PRO	CONTRA	FAZIT
ein Shop und das Design ganz nach deinen Wünschen und Bedürfnissen, keine Abogebühren (aber siehe Contra), je nach Auftragsumfang auch Back-up möglich und rechtliche Absicherung (Cookie-Texte etc.)	Oft können Änderungen oder Back-ups nur mithilfe eines:r Programmierer:in vorgenommen werden, Originalkosten recht hoch, du musst dich um Tools für SEO und Marketing selbst kümmern.	für Individualist:innen, die es nicht »von der Stange« mögen, für besonders aufwendig darzustellende Produkte

PRAXIS-CHECK → Wünsche, Ziele, Möglichkeiten

Hast du Vorkenntnisse oder könntest sie dir durch jemanden aneignen?

○ JA ○ NEIN

Wenn nein, wer kann dir helfen?

Hast du ausreichend zeitliche Kapazität, um dich selbst um den Aufbau des Shops zu kümmern?

○ JA ○ NEIN

Wenn ja, wie viel Zeit planst du dafür ein?

Brauchst du besondere Extras wie eine Kund:innenkartei oder Ähnliches?

○ JA ○ NEIN

Wenn ja, welche?

Wie viel Budget hast du für die Erstellung deines Online-Shops eingeplant?

Hast du bestimmte optische Vorgaben, die der Shop unbedingt erfüllen muss?

○ JA ○ NEIN

Wenn ja, welche?

Wie viele Produkte möchtest du etwa in deinem Shop verkaufen?

○ weniger als 25 Produkte ○ mehr als 25 Produkte

Dein Sortiment: Dein Online-Shop

Jeder Online-Shop sollte eine Inventarliste haben. Diese Übersicht beinhaltet deine Produkte oder Dienstleistungen, die Stückzahl, die davon auf Lager ist, hier werden der Produktpreis hinterlegt und die Versandkosten, außerdem eine Produktbeschreibung, ein **SEO-Text → S. 148** und mindestens ein Produktfoto. In den meisten Systemen kannst du hier schon hinterlegen, wie dein Produkt später im Shop aussehen soll, welche Fotos zu sehen sind und wo der Produkttext steht. Aber keine Sorge, jedes dieser Themen wird in diesem Kapitel noch einmal genauer erklärt.

PRAXIS-CHECK → Notiere hier die ersten zehn deiner Produkte, die online gehen sollen.

1	6
2	7
3	8
4	9
5	10

Gesetze & Richtlinien: auf der sicheren Seite

Für Online-Shops gibt es gesetzlich festgelegte Richtlinien, dabei geht es vor allem um Datenschutz, Liefer- und Zahlungsbedingungen, das Recht auf Widerruf und die allgemeinen Geschäftsbedingen. Diese Informationen musst du deiner Kundschaft direkt auf deiner Webseite oder deinem Shop zugänglich machen: Impressum, allgemeine Geschäftsbedingungen (AGB), einen Text für das Widerrufsrecht und einen für den Datenschutz. Zudem musst du ein stets aktuelles Cookie-Banner zur Verfügung stellen.

AGB
Die allgemeinen Geschäftsbedingungen sind rechtlich bindende Bedingungen zwischen Vertragsabschließenden. Die AGB für Verbraucher regeln Liefermöglichkeiten und Zahlungsbedingungen, aber auch Folgen eines Liefer- oder Zahlungsverzugs sowie Haftungsbeschränkungen.

○ FERTIG! ○ noch zu erledigen bis ____________

Widerrufsrecht
Die in der EU-Verbraucherrechte-Richtlinie festgehaltene Widerrufsfrist beträgt in ganz Europa einheitlich 14 Tage. Zur Ausübung des Widerrufs müssen sich Käufer:innen ausdrücklich gegenüber Verkäufer:innen erklären, eine kommentarlose Rücksendung der Ware reicht nicht aus. Bei fehlender oder falscher Widerrufsbelehrung erlischt das Widerrufsrecht spätestens nach 12 Monaten und 14 Tagen. Muster für Widerrufsformulare findest du zum Beispiel bei Handelskammern.

○ FERTIG! ○ noch zu erledigen bis ____________

Datenschutzerklärung (laut DSGVO)
Eine Datenschutzerklärung im Sinne der Datenschutz-Grundverordnung ist für jeden Online-Shop Pflicht. Aus ihr muss hervorgehen, welche personenbezogenen Daten du von den Besucher:innen des Shops verarbeitest – und wie Drittanbietende, zum Beispiel Google Analytics, mit den Daten aus deinem Shop umgehen.

○ FERTIG! ○ noch zu erledigen bis ____________

Impressum
Ein Impressum ist eine Art Visitenkarte deines Unternehmens, hier sollen Kund:innen die Möglichkeit haben, sich von der Seriosität deines Shops zu überzeugen. Laut dem Bundesministerium der Justiz und für Verbraucherschutz müssen in einem Impressum mindestens die folgenden Angaben aufgelistet werden:

1. Namen (bei natürlichen Personen Vor- und Nachname. Bei Unternehmen, sogenannten juristischen Personen: Unternehmensname sowie Name und Vorname der:des Vertretungsberechtigten)
2. Bei juristischen Personen: Rechtsform → **S. 25**
3. Anschrift: Straße, Hausnummer, Postleitzahl und Ort
4. Kontakt: E-Mail-Adresse und Telefonnummer
5. Umsatzsteuer- oder Wirtschafts-Identifikationsnummer (sofern vorhanden)
6. Handels-, Vereins-, Partnerschafts- oder Genossenschaftsregister mit Registernummer (sofern vorhanden)

○ FERTIG! ○ noch zu erledigen bis

Cookies
Cookies sind Daten, die eine Webseite auf dem Gerät des digitalen Gasts zwischenspeichert, um ihn später wiederzukennen. Ein Cookie-Banner klärt darüber auf, welche Cookies der Online-Shop setzt – sind sie rein technisch, wie zum Beispiel ein Warenkorb-Cookie, sind es Statistik-Cookies, die den Betreibenden übermitteln, welche Produkte angeschaut wurden, wie lange auf einer Seite verweilt wurde ... Diese Informationen müssen von Kund:innen deines Shops aktiv bestätigt werden – dies wird in den meisten Fällen über ein Cookie-Banner gelöst. Du kannst es bei den meisten Webseiten und Shop-Plattformen einfach direkt beim Aufbau des Online-Angebots mit einstellen, aber auch hier gibt es externe Anbieter oder Plug-ins. All diese Texte müssen direkt auf der Startseite für deine Gäste sofort ersichtlich sein. Um Texte wie AGB, Widerrufsrecht oder Impressum rechtskonform zu schreiben, empfehle ich dir das kostenlose Tool rechtstexter. Du findest das Ganze unter: *legal.trustedshops.com/produkte/rechtstexter.*

Bei vielen aktuellen Designs bietet sich für die Rechtstexte der Footer an, also der untere Bereich der jeweiligen Seite. Dort finden sich häufig die Frequently Asked Questions (FAQ), Impressum, Kontaktformular und auch eine Übersicht deiner Zahlungs- und Versandkonditionen. Diese müssen auch am Ende einer Bestellung noch einmal ausdrücklich ausgewiesen werden.

○ FERTIG! ○ noch zu erledigen bis

Zahlungsmodalitäten: So kommt das Geld zu dir

Du kannst in den meisten Online-Shops, die mit einem Baukasten erstellt werden, relativ simpel die Zahlung via PayPal, aber auch per Kreditkarte mithilfe eines Plug-ins einbauen. PayPal nutzt dabei ein eigenes Plug-in, Kreditkartenzahlungen sind über Anbieter wie beispielsweise Stripe möglich, die ebenfalls über ein Plug-in auf der Webseite integriert werden. Die großen Baukastensysteme wie Shopify bieten so ziemlich alle Zahlungsangebote zur Auswahl an. Hier erkläre ich dir die gängigsten:

Kauf auf Rechnung → Hierbei gehst du in Vorleistung und verschickst zuerst die Ware, danach begleicht der:die Kund:in die Rechnung.

Vorkasse → Bei der Vorkasse überweist dir der:die Käufer:in zunächst den Rechnungsbetrag und du verschickst erst nach Geldeingang die Ware.

Nachnahme → Bei der Nachnahme wird der Betrag an die Zustellenden der Ware gezahlt, diese leiten das Geld dann an dich als Shop-Betreibende:n weiter.

Zahlung per Lastschrift → Kund:innen erteilen dir ein Zahlungsmandat, womit du den Rechnungsbetrag vom Konto einziehen darfst.

Kreditkarte → Der Rechnungsbetrag wird von der Kreditkarte eingezogen. Die gängigsten Kreditkarten im deutschsprachigen Raum sind Visa und Mastercard.

PayPal → PayPal ist ein Bezahldienstleister, bei dem keine Informationen über Bankkonto oder Kreditkartendaten an Shop-Betreibende weitergegeben werden. Dein Vorteil: Der Rechnungsbetrag landet schnell und unkompliziert auf deinem Konto, und du kannst die Ware versenden.

Sofortüberweisung → Bei der Sofortüberweisung erhältst du als Verkäufer:in unverzüglich eine Zahlungsbestätigung – wie bei Vorkasse kannst du die Ware sofort versenden.

Amazon Payments → Auch Amazon Pay wickelt Online-Zahlungen ab. Amazon belastet das Zahlungsmittel, das seine Kund:innen im Amazon-Konto hinterlegt haben.

Dein Versand: Zeit zum Einpacken!

Hier ist Transparenz gefragt! Nichts vergrault Kund:innen so schnell wie eine schiefgelaufene Bestellung oder eine, die sie schon viel früher erwartet hätten. Gib in deinem Shop eine realistische Versanddauer an, damit niemand enttäuscht ist. Beachte hierbei, dass diese Angaben mit deinen AGB übereinstimmen müssen. Viele kleinere Anbieter:innen arbeiten mit festen Versandtagen, sie schicken also zum Beispiel immer dienstags und donnerstags ihre Pakete auf den Weg. Auch die Angabe, mit welchem Versanddienstleister gearbeitet wird, ist eine wichtige Information.

Die Preise für den Versand variieren nach Größe und Gewicht des Paketes, aber auch je nachdem, ob mit einer Trackingnummer verschickt werden soll. Behalte dabei im Hinterkopf, dass du als Händler:in jedoch in jedem Fall haftest, wenn du nicht nachweisen kannst, dass das Paket beim Ziel angekommen ist. Eine Sendungsverfolgung ist dementsprechend bei hochpreisigen Produkten sinnvoll.

Du kannst überlegen, mit Festpreisen zu arbeiten, einer »Mischkalkulation«. Nutze sie, wenn du viele unterschiedliche Formate hast und nicht für jedes einzelne Versandpreise angeben kannst – oder wenn du sowieso nur eine Art Produkt verkaufst, das immer in derselben Verpackungsgröße verschickt wird. Ich gebe einen Preis pro Bestellung an, nicht pro Produkt, so zahlen Bestellende immer gleich viel für den Versand.

Wichtig ist dabei: Gib nur deine tatsächlichen Kosten an deine Kund:innen weiter, denn zu hohe Versandkosten schrecken eher ab. Gestalte die Kosten daher so transparent und zuverlässig (zum Beispiel ein Preis pro Produktgröße) wie möglich. So erhalten deine Kund:innen eine nachvollziehbare Übersicht, was wie viel kostet.

Tipp: Verpackungskosten und das Material für den Versand solltest du in der **Preisgestaltung** des Produktes mit einberechnen. Sie haben bei den Versandkosten nichts zu suchen, da sie diese nur unnötig in die Höhe treiben würden.

→ S. 24

Beispiel für eine Versandkostenmatrix:

A5 – A4 / 20 x 30 cm	2,80 €
A3 / 30 x 40 cm	5,80 €
A2 / 60 x 90 cm	6,80 €

Hurra! (M)ein Paket!

Der Versand deiner Produkte ist ein wichtiger Punkt für deine Kund:innenbindung. Hierbei ist es zunächst einmal wichtig, dass du für
→ S. 73
dich entscheidest, wie du deine **Versandkosten** gestalten möchtest und umlegen kannst.

Nun ist das Paket unterwegs. Mach dir vorher Gedanken darüber, wie deine Endkund:innen das Auspacken erleben sollen. Besonders von kleineren Shops wird heute etwas Persönliches, Emotionales erwartet, was sich nicht nur in der verbindlichen Ansprache, sondern auch im Paket wiederfinden sollte.

Ich schlage zum Beispiel meine Bücher, die ich über meinen Shop verkaufe, in Seidenpapier ein, versehe sie mit einem Sticker mit meinem Logo, lege eine schön gestaltete Dankeskarte bei, die ich mit einem Gruß versehe – außerdem signiere ich die Bücher natürlich auf Wunsch. Bei Aktio-
→ S. 126
nen kommen zudem noch kleine **Freebies** mit in die Pakete. Diese kleinen Geschenke kannst du entweder von vornherein mit einpreisen oder sie als Kund:innenbindung (Werbungskosten) für dich verbuchen.

PRAXIS-CHECK → Das Auspack-Erlebnis für deine Kund:innen

Wie möchtest du deine Produkte verpacken?

Wie möchtest du dein Paket personalisieren?

Wie kannst du deinen Kund:innen eine kleine Freude machen?

Was ist der Wiedererkennungsmoment für deine Kund:innen (dein Logo, deine Farben ...)?

Touchpoints: Wie bewegen sich Gäste in deinem Shop?

Die Touchpoints sind alle Berührungspunkte eines:r Interessierten mit deiner Marke. Sie können dir Aufschluss darüber geben, wie sich Besucher:innen auf deiner Seite bewegen. Was wird angeklickt, wie lange wird bei welchem Produkt verweilt, welches Produkt wird danach angeschaut und wo hängt es vielleicht noch? **Analyse-Tools → S. 130**. Mithilfe der folgenden Fragen kannst du möglichst viel über deine Gäste erfahren und ihnen das Erlebnis in deinem Shop oder auf deiner Webseite noch angenehmer gestalten.

PRAXIS-CHECK → Deine Touchpoints

Wie findet deine Kundschaft dein digitales Angebot? Über eine persönliche Empfehlung, über Social Media, über Google, deinen Newsletter ...?

Was wird in deinem Shop angeklickt – nur die Produkte oder möchten Interessierte auch mehr über dich erfahren?

Jemand hat sich für ein Produkt aus deinem Shop entschieden – hurra! Doch wie leicht geht der tatsächliche Kauf vonstatten (werden verschiedene Zahlungsmöglichkeiten angeboten, wie viele Klicks ...)?

Wie lange warten Kund:innen auf dein Paket, wie ist das Auspackerlebnis?

Welche E-Mails verschickst du wann an deine zahlende (oder gewünschte) Klientel (Zahlungseingang, Versand, Newsletter)?

Wie bleibst du mit deinen Kund:innen in Kontakt?

Wie stellst du sicher, dass deine Besucher:innen und User:innen dein digitales Angebot empfehlen, liken, teilen können?

Produktpreise & Co.: Taschenrechner raus!

Jetzt geht es ein wenig um Mathematik, aber die lohnt sich! Den »richtigen« Preis für dein Produkt oder deine Dienstleistung festzulegen, ist unheimlich wichtig, damit du:

a) eine gute Marge hast und **b) konkurrenzfähig bleibst.**

Check nach deiner ersten Kalkulation also unbedingt auch ähnliche Produkte von anderen Anbietern. Überleg dir dabei, ob du im Vergleich deine Preise eher niedrig oder hoch angesetzt hast und ob du nachbessern solltest. Diese Begriffe solltest du schon einmal gehört haben:

Marge → Differenz zwischen Selbstkosten- und Verkaufspreis, auch: Handelsspanne.

Einkaufspreis → Der Einkaufspreis ist der Preis, den du selbst für deine Produkte bezahlst. Oft wird dieser niedriger bei höherer Abnahmemenge.

Wareneinsatz → Im Laufe eines Geschäftsjahres kann es durch gewährte Rabatte oder Skonto (Nachlass innerhalb einer Zahlungsfrist) Minderungen im Einkaufspreis geben; das ist dann der Wareneinsatz.

Produktionskosten → Wenn du deine Waren selbst produzierst, setzen sich die unmittelbaren Produktionskosten aus den Einkaufskosten für die benötigten Waren und dem Preis für deine Arbeitszeit zusammen.

Bezugspreis → Das zahlen Händler:innen für deine Produkte, die sie dann noch mit einem Gewinnzuschlag versehen und die Mehrwertsteuer hinzurechnen. Auf den Bezugspreis wird ein Handlungskostenzuschlag gerechnet; an dieser Stelle kannst du **Verpackungskosten** einpreisen. **→ S. 73**

(Brutto-)Verkaufspreis → Das zahlen die Endkund:innen für deine Produkte oder Dienstleistungen, inklusive Mehrwertsteuer.

Wie du Dienstleistungen kalkulieren kannst am Beispiel von **Workshops** → **S. 100**.
Bei Produkten gilt die einfache Formel:

Einkaufs- oder Produktionspreis × 2 = **Bezugspreis**

Handelspreis × 2 = **Nettoverkaufspreis für Endkundschaft im Online-Shop oder Ladengeschäft**

PRAXIS-CHECK → Erstelle eine Preiskalkulation für deine ersten fünf Produkte.

1 Produkt

Einkaufspreis		× 2 =		Bezugspreis
Handelspreis		× 2 =		Nettoverkaufspreis

2 Produkt

Einkaufspreis		× 2 =		Bezugspreis
Handelspreis		× 2 =		Nettoverkaufspreis

3 Produkt

Einkaufspreis		× 2 =		Bezugspreis
Handelspreis		× 2 =		Nettoverkaufspreis

4 Produkt

Einkaufspreis		× 2 =		Bezugspreis
Handelspreis		× 2 =		Nettoverkaufspreis

5 Produkt

Einkaufspreis		× 2 =		Bezugspreis
Handelspreis		× 2 =		Nettoverkaufspreis

Deine Produktbilder: visuelles Online-Shopping

Kein Online-Shop funktioniert ohne Produktbilder. Wer möchte nicht die Produkte genau ansehen, bevor er oder sie auf »Kaufen« klickt? Tatsächlich gibt es hier aber auch rechtliche Hintergründe: Verbraucher:innen müssen die wesentlichen Merkmale von Produkten oder Dienstleistungen in »angemessenem« Umfang mitgeteilt werden (246a §1(1) EGBGB). Dazu gehört auch die Abbildung des Produkts, besonders aber eine detaillierte Beschreibung. Informiere dich umfassend über alle rechtlichen Anforderungen zu deinen Produkten!

Für deinen Online-Shop solltest du darauf achten, dass diese Bilder sich in deine **CI** einfügen. Ist die eher clean, dann verwende ruhige Hintergründe (fürs Auge angenehme Farbe und wenig Muster); wenn du Kinderprodukte anbietest, kann das schon verspielter sein. → S. 32

Überlege dir, was Kund:innen von dem Produkt sehen müssen, um es sich vorstellen und verstehen zu können. Sind etwa kleine Stickereien an einem Kleid das Besondere, sollten diese unbedingt noch einmal gut erkennbar abgelichtet werden. Worauf würde mein:e Kund:in im Laden achten, was würde er sich genauer anschauen oder was würde sie dazu wissen wollen?

Bei mir ist neben dem Cover auch ein »Blick ins Buch« zu sehen – in einer Buchhandlung blättert man ein Buch ja auch durch, bevor man es kauft. Dies kann man animiert oder als Video darstellen, man kann aber auch einfach ein paar Doppelseiten abfotografieren (in Absprache mit Verlag/anderen Urheber:innen), um zu zeigen, wie das Buch aufgebaut ist.

Wenn du eine Dienstleistung anbietest, kannst du mit Symbolbildern arbeiten. Wenn du also einen Latte-Art-Workshop anbietest, wäre das beispielsweise das Foto einer Tasse Kaffee mit Milchschaumkunstwerk. Oder du verwendest Bilder von dir in einer passenden Situation. Das ist am sinnvollsten, wenn dein persönlicher Einsatz auch Teil deiner Business-Idee ist, wie bei Workshops.

PRAXIS-CHECK → Wie sollten deine Produktbilder aussehen?

Notiere dir hier, welche Art von Produktbildern du benötigst – reicht ein Still, müssen die Produkte oder deine Dienstleistungen in Aktion zu sehen sein, solltest du über erklärende Videos nachdenken? Dies macht das Einkaufserlebnis oft nahbarer und leichter verständlich.

Beispiele für gelungene Produktfotos/Bilder

Klebe ein oder notiere dir hier Inspirationen von Produkten oder Dienstleistungen, bei denen du die Bilder gelungen findest! Schau dich ruhig mal in Zeitschriften und Magazinen um, dort wird ebenfalls viel mit Produktbildern gearbeitet.

Dein Equipment: Es muss nicht immer teuer sein

Was für Ladenbesitzer:innen die Inneneinrichtung ist, hast du mit der Gestaltung deines Online-Shops in der Hand. Und dazu gehören auch die Produktbilder. Hochwertig produzierte Bilder sorgen für einen noch professionelleren Eindruck. Kund:innen müssen dir online vertrauen – dann wollen sie auch etwas bei dir kaufen. Trotzdem musst du nicht direkt Tausende von Euro in eine Hightech-Ausrüstung investieren.

Kamera oder Smartphone?

Wenn du Produktbilder und Bilder für Social Media mit deinem Smartphone machst, achte darauf, immer die gleichen Einstellungen oder Filter zu nutzen, damit es eingängig wirkt und die Bilder nebeneinander einen Look ergeben. Wirklich rentieren wird sich ein Stativ, egal, ob du mit dem Handy, dem Tablet oder der Kamera arbeiten wirst.

Die neueren Smartphone-Modelle haben so gute integrierte Kameras, dass du mit diesen durchaus beginnen kannst. Gute Profigeräte wie die CanonEOS80 oder die SonyAlpha5000 kann man sich auch einfach für ein Wochenende bei einem Film- und Fotoverleih besorgen.

Damit die Technik richtig funktionieren kann, braucht sie ein bisschen Starthilfe. Wichtigster Faktor ist dabei das Licht. Viele Fotoprofis arbeiten heute ausschließlich mit natürlichem Tageslicht, da dies die Farben der Produkte nicht verfälscht. Dafür benötigst du einen sehr hellen Raum oder du gehst nach draußen. Musst du deine Produkte in einem Studio ablichten oder ist es dank Wetter oder Jahreszeit einfach zu dunkel, dann können dir Tageslichtlampen oder Softboxen weiterhelfen.

Meine Favoriten

→ **ESDDI Softbox Dauerlicht Fotostudio-Set:** um die 40–50 €
→ **LEDGLE LED-Ringlicht, Selfie-Licht mit Handyhalter:** um die 20 €
→ **Neewer Ringleuchte mit Ständer:** um die 90 €

Gut im Bild: Tipps vom Profi gefällig?

Für Tricks zu Licht, Fokus, Brennweite & Co. empfehle ich dir, ein paar Tutorials anzuschauen. Ich mag den Insta-Account von Lisa Tihanyi, sie teilt dort und in einer Gratis-Videoserie wunderbar verständlich die ersten Basics. Auch ein Fotografiekurs kann sich für dich lohnen, wenn du viele Produkte hast oder häufiger Neuerungen, wenn du also stetig neue Bilder machen musst.

→ Lisas Tipps für einen unscharfen Hintergrund

1. Öffne die Blende weit – zum Beispiel auf f/1.8 (alles ab f/2.8 abwärts ist gut geeignet).
2. Sorge für einen großen Abstand vom Objekt zum Hintergrund.
3. Geh nah mit der Kamera an dein Objekt ran.
4. Wähle ein Objektiv mit langer Brennweite (alles ab 50 mm ist schon super! 18 mm sind weniger geeignet).

LISA TIHANYI

Lisa Tihanyi ist Bloggerin und Fotografin aus Leidenschaft. Auf ihrem Instagram-Account und in Kursen gibt sie ihre Tipps & Tricks für tolle Fotos weiter. Besonders sehenswert sind ihre Instagram-Reels: informativ, unterhaltsam und immer auf den Punkt!

lisa.tihanyi

Hinter- & Untergründe: Gib deinen Produkten Raum

Im Idealfall solltest du zwei verschiedene Arten von Bildern für deinen Online-Shop produzieren. Variante eins sind Freisteller. Dabei wird das Produkt vor einem möglichst neutralen Unter- oder Hintergrund fotografiert. Die so fotografierten Produkte lassen sich recht einfach in einer digitalen Bildbearbeitung an den Kanten ausschneiden. So kannst du deine Produkte auch in Mock-ups eingefügen. Das sind digitale Vorlagen, beispielsweise ein Buchblock, auf den ein Freisteller von deinem Buchcover gelegt wird, so wirkt das Bild dreidimensional oder es wird in einen passenden Hintergrund integriert. Wichtig ist, dass die Details deiner Produkte gut erkennbar bleiben, selbst wenn sie im Bildbearbeitungsprogramm einen neuen Hintergrund erhalten.

Zweite Variante: lebendige Bilder, die dein Produkt in Szene setzen. Überleg dir vorher ein Setting, das zu deinen Produkten und deiner CI passt, entsprechend wählst du Hinter- und Untergründe aus. Zu einem natürlichen Produkt passt eher Holz als Metall, ein farbenfrohes Produkt braucht Ruhe, ein sehr schlichtes Produkt wird durch einen aufregenden Hintergrund eventuell lebendiger.

Es gibt zahlreiche Möglichkeiten, sich mit kleinem Geld selbst schöne Untergründe zu bauen. Du kannst dir zum Beispiel Tapeten kaufen und auf zugeschnittene Pappen kleben, du kannst dir bei *www.etsy.com* Vinyluntergründe bestellen. Auch ein Steckparkett aus dem Baumarkt kann ansprechend wirken.

Nach dem Fotografieren kannst du die Bilder für eine einheitliche Bildsprache bearbeiten. Dabei solltest du auf die Farbgebung der Bilder genauso achten wie auf ihre Größe. Die Bilder sollten 600–2000 Pixel groß sein, jedoch: Je größer ein Bild ist, umso länger braucht die Seite zum Laden. Wenn du also viele große Bilder auf der Seite hast, wird sie im Zweifel sehr langsam – was nicht komfortabel für die Nutzenden ist.

Meine Favoriten

- → **Lightroom:** 7 Tage kostenloser Testzeitraum, dann Abo
- → **PicsArt:** Abo, Basic-Version auch kostenlos
- → **Vsco**: Foto- und Video-Editor, Basic-Version auch kostenlos
- → **Affinity Photo:** um die 55 €, dafür kein Abo und weitreichende Werkzeugpalette

PRAXIS-CHECK → Wie soll dein Produktbild aussehen?

Hintergrund: schlicht weiß, farbig, welches Muster, welche Schärfe?

Liegt dein Produkt oder steht es aufrecht?

- Produkt liegt
- Produkt steht aufrecht

Untergrund: welche sichtbare Haptik, ist er überhaupt zu sehen?

Daraus ergibt sich: Welche Einstellungsgröße, Perspektive und welche Beleuchtung (und Tiefenschärfe) wählst du?

- Totale 
- Halbtotale 
- Nah 
- Groß 
- Detail 
- Draufsicht / Flatlay

Passiert etwas auf dem Bild? Sind zum Beispiel Hände zu sehen?

Teste dein Equipment und spiele mit deiner Kreativität! Hier ist Platz zum Einkleben deiner ersten Umsetzungen – freu dich, dass du schon so viel geschafft hast!

Stockfotos kaufen: alternative Kunst

Wenn du die Bilder für deine Dienstleistung oder Webseite nicht selbst machen möchtest oder kannst, sind Fotos von Bildagenturen eine sinnvolle Alternative. Auf Webseiten wie *www.pexels.com* oder *unsplash.com* bekommst du kostenfrei, für einen geringen Preis oder gegen eine freiwillige Spende schöne Bilder – die Auswahl ist allerdings riesig. Der Trick auf dem Weg zu den guten Bildern, die nicht zu gestellt oder »billig« aussehen, sind die richtigen Suchbegriffe. Bei der Suche hilft die richtige Kombination verschiedener Begriffe. Ein Beispiel: Du suchst Bilder für deinen Yogakurs. Suchst du lediglich nach »Yoga«, kommen alle Yogabilder. Wenn du aber schon weißt, dass du deinen Yogakurs ausschließlich für Frauen anbietest, kannst du »Yoga« und »Frau« eingeben, so grenzt du die Suche ein. Es können auch bestimmte Elemente sein, vielleicht suchst du nach einer speziellen Yogaposition – »Yoga« und »Kopfstand« – oder nach einer Yogaform wie »Kundalini«. Je präziser du in deiner Suche bist, desto besser passt das Ergebnis.

Achtung: Verwende niemals Agenturbilder für Produkte, die du anbietest, auch nicht als Platzhalter. Das kann dir als Irreführung deiner Kundschaft ausgelegt werden und juristische Konsequenzen nach sich ziehen.

Es gibt kostenfreie und kostenpflichtige Stockfotos, achte unbedingt darauf, ob und welche Nutzungsbedingungen mit dem Download des Fotos verknüpft sind. Einige darfst du nur für eine bestimmte Zeit nutzen, andere nur für einen bestimmten Zweck.
Also: Immer schön das Kleingedruckte lesen!

Für die folgenden Bilder habe ich die Wortkombinationen wie folgt eingegeben:

baking home
Yoga Frau
dried plants coffee

Baking home

Yoga Frau

Dried plants coffee

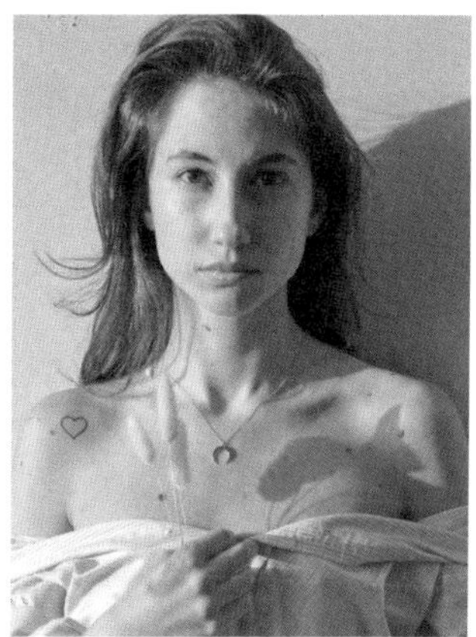

Deine Produkttexte: Kaufanregung & Information

Ein Produkttext oder Text zu deinen Dienstleistungen ist dein persönliches Schaufenster. Darüber hinaus bist du laut §246a EGBGB dazu verpflichtet, deine Kund:innen über die »wesentlichen Eigenschaften … in angemessenem Umfang« zu informieren. Was das konkret heißt? Nicht nur Grundlegendes wie Größe, Farbe, Form fallen darunter, sondern, je nach Produkt, noch spezielle Verordnungen. Beispiel: die Lebensmittel-Informationsverordnung der EU (LMIV).

In die Beschreibung kommen alle wichtigen Eigenschaften und Fakten zu dem Produkt – so schön ausgeschmückt wie möglich, aber nur so lang wie nötig. Romane interessieren an dieser Stelle niemanden, ideal sind bis zu 200 Wörter. Achte auch hier auf die Ansprache deiner Kundschaft: Stellst du dich online locker-flockig, witzig dar, darfst du das gern auch hier sein – mach deinen Kund:innen Lust auf das Produkt, nutze Adjektive und versuche, eine kleine Welt um dein Produkt zu erschaffen. Blättere ruhig noch einmal zu deiner Analyse der **tatsächlichen Zielgruppe** und deren passende Ansprache zurück.

→ **S. 23**

Ein Produkttext sollte außerdem unbedingt Vertrauen erzeugen: Das können Stichworte wie »Herstellung in Deutschland« oder »handgefertigt« sein, aber auch das Demonstrieren von technischem Knowhow. Wichtig ist: Du kennst dich mit deinem Produkt aus, und dein Shop wirkt genauso seriös und zuverlässig, wie du es bist.

Der Text muss Lust auf das Produkt machen und einen guten Grund liefern, warum man es jetzt und genau hier in diesem Shop kaufen sollte. Achtung bei Siegeln und Zertifikaten: Bestimmte Begrifflichkeiten und Zertifikate wie zum Beispiel der STANDARD 100 by OEKO-TEX® müssen beantragt werden, und erst mit erteiltem Zertifikat darf geworben werden. Allgemein sind Bio-Produkte rechtlich engmaschig abgesichert.

Ein Produkttext beschreibt zudem nicht nur dein Produkt und was deine Kund:innen damit erwerben, er liefert auch den Suchmaschinen die **Keywords**, nach denen sie suchen. Alle Texte auf deiner Webseite sollten also unbedingt auch SEO-optimiert sein.

→ **S. 151**

SEO-optimierte Produkttexte: keine Angst vor Suchmaschinen

Vielen Menschen macht der Terminus SEO Angst. »Search Engine Optimization« klingt kompliziert, und wer schon etwas länger im Internet unterwegs ist, wird sich auch noch an schreckliche Produkttexte erinnern, in denen einfach möglichst häufig die **Keywords** oder eine Kombination verwendet wurden. Diese Zeiten sind aber zum Glück vorbei.

→ S. 151

Produkttext für meinen Familienkalender

Alle Termine der Familie übersichtlich an einem schön gestalteten Ort. Der Familienkalender für die Wand passt in der Designserie zu dem Wochenplaner und den Rezeptkarten. Im Buch *Zwischen Laptop und Legosteinen – Als Familie mehr Vereinbarkeit leben* rät Autorin Katharina Katz zu einer gemeinsamen Planung der Woche mit verbindlichen Aufgaben und Verantwortlichkeiten für alle Beteiligten. Dieser ewige Familienkalender hilft dabei, feste Termine gut sichtbar für alle Familienmitglieder zu notieren.

Monatswandkalender
13 Blatt (Deckblatt & 12 Monate)
DIN A4, hochkant, Papierqualität: 250 Gramm
Metallspirale in Schwarz
Design: MoDeern

Das Ziel von Suchmaschinen wie Google oder Ecosia: User:innen das bestmögliche Ergebnis für Suchanfragen zu präsentieren. Dafür filtern sogenannte Webcrawler Online-Inhalte vor. Sie legen dabei einen Index an, wie bei einem Gelbe-Seiten-Telefonbuch. Damit können die Suchprogramme schneller nur die relevantesten Seiten bezüglich des Themas aufzeigen. Dabei helfen ihnen Keywords. Die Algorithmen von der weltweit größten Suchmaschine Google legen Wert auf folgende Faktoren:

E = Expertise (im Sinne von Expertenwissen)
A = Authoritativeness (Bevollmächtigtsein)
T = Trustworthiness (Vertrauenswürdigkeit)

Wer also verlässlichen, korrekten Content herstellt, dem die Kundschaft wiederholt vertraut (indem sie die Seite häufiger aufruft), hat einen guten Stand bei Suchmaschinen-Rankings.

Vier Tipps für gute SEO-Texte

1. Gründliche Recherche sowie Hintergrundwissen über dein Business und dein Angebot sind das A und O – nur so kannst du alle Fragen der Nutzer:innen beantworten und auf ihre Bedürfnisse eingehen.

2. Die Länge der Texte sollte sich aus Inhalt und Bezug zum Produkt ergeben. Versuche, beim Schreiben die Rollen umzukehren und dich in deine Kund:innen zu versetzen. In jedem Fall sollte der Text nicht aus bestehenden Textteilen zusammengestückelt sein. »Unique Content« ist hier das Stichwort. Denn nur einzigartige Texte werden von den Suchmaschinen auch als neue Inhalte anerkannt. Wenn also viele neue Inhalte zu einem Thema auf einer Seite zu finden sind, steigt die Relevanz für Suchmaschinen an.

3. Nutze die Keywords im Text so, wie du sie im normalen Sprachgebrauch verwenden würdest, alles andere liest sich schrecklich und sorgt nur dafür, dass Nutzer:innen deine Seite sofort wieder verlassen → **S. 89**. Da habe ich einen SEO-Experten ins Kreuzverhör genommen!

4. Arbeite mit verschiedenen optischen Mitteln, setze Überschriften, Aufzählungen, Bilder, Videos und Hervorhebungen ein, um die Inhalte möglichst übersichtlich und ansprechend darzustellen, auch das erkennen die Suchmaschinen als Relevanz an und belohnen mit besserer Sichtbarkeit.

PRAXIS-CHECK → Deine ersten Produkttexte!

Probiere dich nun mithilfe deiner Keyword-Sammlung an den ersten drei Texten für ausgewählte Produkte aus.

Keyword-Sammlung

Produkttexte

Feedbackrunde

Hole dir von drei Menschen Feedback zu deinen Produkttexten ein. Je häufiger du deine Ideen mit anderen besprichst, desto geübter wirst du darin. So erhältst du einen Input, der einen noch mal ganz anders nach vorne bringen kann.

Feedback zu Produkttexten für den Online-Shop			
1 Name		Datum	
Feedback			
Idee/n zur Verbesserung			
2 Name		Datum	
Feedback			
Idee/n zur Verbesserung			
3 Name		Datum	
Feedback			
Idee/n zur Verbesserung			

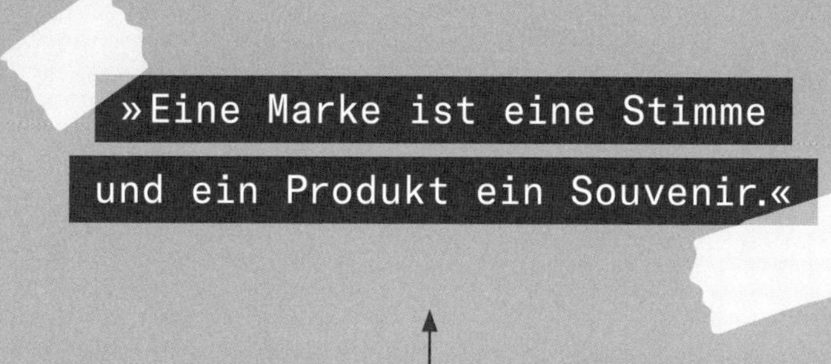

LISA GANSKY

US-amerikanische Unternehmerin und Autorin. Sie war Co-Founder und CEO von Global Network Navigator, der ersten kommerziellen Webseite, die von America Online (AOL) übernommen wurde.

Online-Kurse

Neues Lernen

Ich mache schon sehr lange Coachings und Workshops. Zunächst von Angesicht zu Angesicht, dann digital. Dabei habe ich festgestellt, dass manche Themen einen intensiven persönlichen Austausch benötigen, ein Gesicht, mal ein aufmunterndes Wort oder ein kleiner Witz an der richtigen Stelle. Bei manchen Themen fühlte ich mich aber eher wie ein Kassettenrekorder, die Älteren von uns werden ihn noch kennen, der an einer Stelle hängen geblieben ist. Denn manche Informationen sind eben wie ein Standardwerk, die brauchen alle gleichermaßen und sie müssen nicht persönlich besprochen werden. So kam mir erstmals die Idee, diese Inhalte in einem Kurs zu komprimieren und nur für die persönlich relevanten Themen auch physisch anwesend zu sein. Weniger Kassettenrekorder und mehr Spotify: Spiel Inhalte in deinem Tempo ein und ab, wann du sie brauchst.

Workshops, Coaching & Kurs: Was ist der Unterschied?

Große Unterschiede beim Online-Learning liegen im Timing. Nutzende können die Inhalte dann konsumieren, wenn es zeitlich gut für sie passt, man kann das Video zurückspulen und noch mal neu starten. Obwohl solche Workshops also standardisierte Kurse sind, können Inhalte ganz individuell erarbeitet werden. Wem dabei die persönliche Bindung fehlt, kombiniert den Kurs mit einer Social-Media-Gruppe oder persönlichen Sessions. Schöne neue Lernwelt!

Der Workshop

Ein Workshop umfasst in der Regel mehrere Teilnehmende, die gemeinsam an einem Thema arbeiten. In meinen Schreibworkshops erarbeiten wir ein Exposé für ein Buch, dabei entsteht ein ganz individuelles Ergebnis für jede:n, doch es gibt auch Workshops, bei denen gemeinsam an einem Projekt gearbeitet wird und somit auch ein gemeinsames Resultat entsteht.

In Workshops profitiert man häufig von der Gruppendynamik: ob durch Fragen, Ideen oder Inspiration. Die individuelle persönliche Zeit mit dem:r Leitenden ist in der Regel jedoch begrenzt.

Bei Online-Workshops gibt es meist feste Termine, zu denen sich die Teilnehmenden in einem virtuellen Raum treffen. Alle arbeiten dann am Projekt und können sich sowohl mit der Workshop-Leitung als auch mit den anderen im Team austauschen.

1:1-Beratung, Coaching oder Mentoring

Eine Beratung, ein Coaching oder Mentoring findet in der Regel 1:1 statt. Man bearbeitet also zu zweit ein individuelles Thema, bei dem am Ende ein persönliches Ergebnis steht. Bleiben wir mal bei meinem Beispiel mit meinem Mentoring für Autor:innen. Während in einem Workshop mehrere gleichzeitig an ihren eigenen Exposés arbeiten und wir eher generelle Fragen klären, sitze ich in einem 1:1-Termin mit einer Autorin oder einem Autor exklusiv an deren Text, wir sprechen ausschließlich über deren Konzept und Fragen.

Ein Online-Coaching besteht in der Regel aus mehreren Terminen, die in einem virtuellen Raum stattfinden. Zwischen den Terminen werden Übungen und Aufgaben vom Coachee bearbeitet, die zu weiteren Erkenntnissen führen sollen.

Ein weiterer Unterschied zu einem Kurs oder Workshop ist hier natürlich der Preis. Da es sich um eine individuelle Betreuung handelt, ist der Preis für ein Coaching oder Mentoring pro Person deutlich höher als bei einer Gruppenveranstaltung.

Coaching → Bei einem Coaching geht es um die »Hilfe zur Selbsthilfe«. Dem bzw. der Coach:in gelingt es in einem Gespräch durch bestimmte Fragetechniken und Methoden, der Klientin bzw. dem Klienten neue Perspektiven und Handlungsmöglichkeiten zu eröffnen.

Beratung → Ein:e Berater:in erarbeitet mithilfe ihres oder seines umfangreichen Fachwissens konkrete Lösungsvorschläge und -strategien, die auf das Problem oder die Herausforderung zugeschnitten sind, mit der ein:e Klient:in an ihn oder sie herangetreten ist.

Mentoring → Bei einem Mentoring wird das fachliche Wissen und die Erfahrung des Mentors bzw. der Mentorin in diesem speziellen Themenbereich vermittelt. Es besteht die Möglichkeit für Rückfragen und Feedback, die Mentees werden unter ihre oder seine Fittiche genommen.

Ein vorproduzierter Online-Kurs

Ein Kurs ist ein vorproduzierter Inhalt, den der Nutzer oder die Nutzerin jederzeit oder für einen vorab festgelegten Zeitraum in Anspruch nehmen kann. So sind Teilnehmende nicht an feste Zeiten gebunden, sie können die Schulung unterbrechen, sich bestimmte Inhalte noch einmal anschauen und in ihrem eigenen Tempo damit arbeiten. Was jedoch einigen fehlt, ist das direkte Feedback der Kursleitung und der Austausch mit den anderen Teilnehmenden. Daher werden zu vielen Kursen noch persönliche Termine oder Gruppencoachings angeboten, sodass im eigenen Tempo gearbeitet werden kann und doch der Austausch nicht wegfällt.

Welche Art von Online-Schulung kannst du anbieten?

Das Thema sollte deinem Vorwissen entsprechen. Du musst keinen Doktortitel in deinem Fachbereich haben, solltest aber auf viele Fachfragen sofort eine gute Antwort kennen. Wer Probleme und Fragen der Kund:innen (er)kennen kann und ihnen einen Weg zur Lösungsfindung aufzeigen kann, hat sein Thema gefunden.

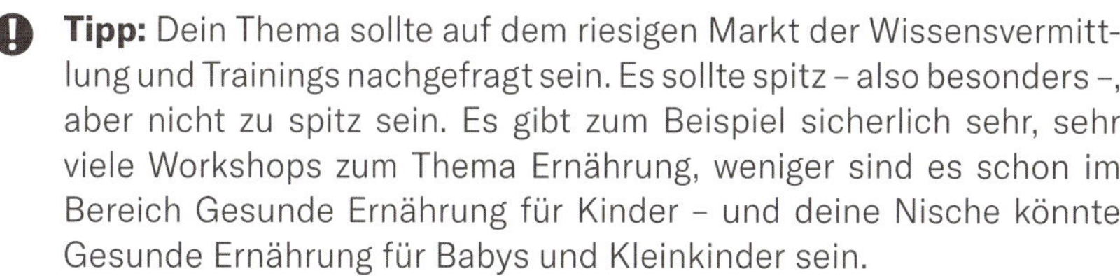

Tipp: Dein Thema sollte auf dem riesigen Markt der Wissensvermittlung und Trainings nachgefragt sein. Es sollte spitz – also besonders –, aber nicht zu spitz sein. Es gibt zum Beispiel sicherlich sehr, sehr viele Workshops zum Thema Ernährung, weniger sind es schon im Bereich Gesunde Ernährung für Kinder – und deine Nische könnte Gesunde Ernährung für Babys und Kleinkinder sein.

PRAXIS-CHECK → Dein Kurs- oder Workshop-Thema

Finde dein Kurs- oder Workshop-Thema, indem du dein Oberthema in kleinere Bereiche unterteilst.

Dein Oberthema

Nischen

Kursthema / Workshopthema

Du hast dein Thema gefunden? Super! Dann geht es jetzt ans Eingemachte. Bevor du einen Online-Kurs planst, solltest du dir Gedanken um den inhaltlichen Umfang machen. Wenn du dein Thema und den Schwierigkeitsgrad ermittelt hast, also das fachliche Niveau, auf dem du deinen Kurs anbieten möchtest, setze dir ein Ziel: den Starttermin deines Kurses. Überleg dir, wann du idealerweise starten möchtest und kannst. Dann schau dir auf den folgenden Seiten an, was bis dahin noch geschafft werden muss.

Jetzt kontrolliere noch dein Ziel: Ist es für dich realistisch? Außerdem kannst du dir an dieser Stelle schon einmal notieren, ob dir sofort Wege einfallen, wie deine zukünftigen Kursteilnehmer:innen auf dich aufmerksam werden – bist du in Gruppen, Verbänden oder Ähnlichem aktiv, hast du schon eine Social-Media-Reichweite aufgebaut?

PRAXIS-CHECK → Beantworte diese Fragen für deine Online-Schulung!

Wer ist deine Zielgruppe, und welche Probleme könnte sie haben, bei deren Lösung deine Business-Idee helfen kann?

Auf welchem inhaltlichen Niveau bewegt sich diese Zielgruppe in dieser Problematik, sind sie Anfänger, Intermediate, Fortgeschrittene?

Welchen zeitlichen Umfang soll dein Kurs oder Workshop haben?

Mit welchen Materialien möchtest du arbeiten (Workbook, Videos, Präsentationen)?

Wann möchtest du mit deinem Kursprogramm zeitlich starten?

Was benötigst du für den Start (finanziell, technisch, materiell)?

Ideen, wie deine Zielgruppe auf dich aufmerksam werden kann:

Deine Preisgestaltung: gut durchdacht

Für Dienstleistungen wie Coachings, Workshops und Kurse sind verschiedene Preismodelle sinnvoll. Für deine Preisgestaltung solltest du während der Kalkulationsphase nicht nur überlegen, was du mit diesem Projekt verdienen möchtest, sondern auch mit einberechnen, was du an Vor- und Nachbereitungszeit hast.

Gehen wir mal davon aus, dass du vor einem Coaching oder einem Workshop einen Fragebogen an die Teilnehmenden versenden möchtest. Diesen musst du konzipieren, in einer CI-passenden Form erstellen, per E-Mail oder Post (je nach Zielgruppe) an sie verschicken und eventuelle Rückfragen klären. Nach dem Gespräch oder den Terminen versendest du ebenfalls eine E-Mail mit den Tipps und Tools, die du für sie zusammengestellt hast, sozusagen als Wrap-up.

Nach einer Weile kannst du diese Prozesse auch teilweise automatisieren, hast deine Fragebögen und Listen zusammen. Aber deine Kund:innen bezahlen für dein Wissen und nicht für deine in Stunden aufgeteilte Arbeitszeit! Ganz wichtig ist es darum, dies auch so aufzuschlüsseln, damit jede:r versteht, wie dein Honorar zustande kommt.

Ein Beispiel → 199 Euro für eine Stunde klingt nach einem ganz schön guten Stundensatz – oder? Wenn du aufschlüsselst, was du mit dieser Stunde noch alles mitlieferst, hört sich das schon ganz anders an!

Liste genau auf, was du den Kund:innen bietest und welcher Mehrwert hier für sie durch dein Angebot entsteht:
60 Minuten 1:1-Coaching-Gespräch inklusive Vorabfragebogen zur Analyse der persönlichen Needs des:der Coachee und abschließend übersendeter Zusammenfassung der Tipps und Tools, mit denen die jeweiligen Kenntnisse erweitert werden können.

Bei Workshops und Kursen richten sich die Preise in der Regel nach dem Faktor Umfang: Was wird den Teilnehmenden hier geboten? Wie viel persönliche Betreuung steckt darin – bekommen sie Einzeltermine als Coaching oder Beratung inklusive, Zugang zu exklusiven, thematisch wichtigen Facebook-Gruppen, welche nützlichen Goodies oder welcher immaterielle Mehrwert sind noch Teil des Gesamtpakets?

Faustregel

Niedrigpreisige Online-Kurse → 99 bis 199 Euro
Mittelpreisige → 200 bis 600 Euro
Premiumsegment → ab 600 Euro

Alles, was dazwischenliegt, kannst du natürlich auch in einem Stufenmodell anbieten:
Der Basic-Kurs kostet dann zum Beispiel 299 Euro, beim Medium-Paket ist noch der Beitritt zu einer exklusiven Facebook-Gruppe und eine individuelle Coaching-Stunde mit dabei, das Premiummodell beinhaltet zusätzlich drei Coaching-Sitzungen mit persönlicher Analyse.

PRAXIS-CHECK → Welche Schulungspakete möchtest du anbieten?

Welchen Mehrwert wird der Kurs bieten, was ist das Ziel? Etwas vollständig zu erlernen oder einen ersten Eindruck zu bekommen?

Welchen Umfang soll dein Paket haben (wie viele Stunden mit Material zum Beispiel)?

An welches Wissenslevel soll es sich richten?

Welche Add-Ons, also zusätzlichen Inhalte, Gruppen oder persönlichen Termine möchtest du dazu anbieten?

Welche Inhalte braucht dein:e Kund:in, um die Inhalte zu verstehen? Einige Sportarten oder Techniken lassen sich eventuell nur im Bewegtbild erklären.

Wie aufwendig möchtest du den Kurs produzieren, was bekommt man fürs Geld? Eher eingesprochene Folien oder aufwendiger produzierte Videoinhalte?

Bietest du die Möglichkeit eines Zertifikates / einer Prüfung am Ende des Kurses an?

Unterteile diesen Inhalt nun in 3 Preisstufen und beschreibe, welche Leistungen jeweils darin enthalten sein sollen:

BASIC	**MEDIUM**	**PREMIUM**

PRAXIS-CHECK → Welche Kosten musst du einkalkulieren → S. 100?

Deine Zeit: sowohl für die Erstellung des Materials als auch für persönliche Betreuung, Rückfragen, Support, wenn etwas nicht funktioniert:

Entstehen technische Kosten für z. B. Webshop, Webhost, Software?

Brauchst du einen bestimmten Raum (beispielsweise ein Studio, um deine Yogakurse aufzunehmen, oder eine gemietete Küche)?

Benötigst du Neuanschaffungen/Equipment (Kamera, Stativ ...)?

Planst du Ausgaben für PR/Marketing (z. B. Werbung auf Social Media)?

Individuelle Kostenpunkte für dein Business:

Jetzt notiere dir hier die Preise für deine Preisstufen:

BASIC	MEDIUM	PREMIUM

Für einen höherpreisigen Kurs könnte sich zum Beispiel folgender Umfang ergeben: Präsentationen einsprechen, kurze persönliche Videos am Anfang/Ende, Zusammenfassungen als PDF zum Download nach jeder Unit. Inklusive Beitritt zu einer exklusiven Facebook-Gruppe sowie Live-Gruppencoachings.

PRAXIS-CHECK → Mitbewerber:innen

Checke nun mindestens drei Konkurrenzangebote, und vergleiche deren Preise und Pakete mit deinen bisherigen Preisüberlegungen. Du solltest nicht auffällig weit nach oben oder unten abweichen, dann liegst du richtig. Achte immer darauf, ob die Konkurrenz einen Mehrwert zu deinem Angebot hat oder ob du einen Mehrwert bietest, das kann Preisabweichungen rechtfertigen.

1 Mitbewerber:in	
Kursinhalt	
Dein Mehrwert	
Preis	
2 Mitbewerber:in	
Kursinhalt	
Dein Mehrwert	
Preis	
3 Mitbewerber:in	
Kursinhalt	
Dein Mehrwert	
Preis	

Online-Schulungen: Inhalte planen

Schreibe dir ein detailliertes Konzept. Überlege, was du wann wie darstellen möchtest. Plane die Länge deiner Sprechzeiten, wann du Pausen machen möchtest und wie du welchen Inhalt darstellst.

Möchtest du direkt in die Kamera sprechen, eher Folien vertonen (Profis sagen »einsprechen«), deinen Bildschirm teilen? Zeigst du etwas in einer App oder wie bei einer Online-Yogastunde körperliche Übungen, sodass du mit ganz anderen Einstellungsgrößen, Blickwinkeln und vielleicht sogar Schnitten im Video arbeiten musst?

Viele haben Scheu davor, sich vor der Kamera zu zeigen. Die Expertin für Online-Kurse Caroline Preuss gibt Entwarnung: Ihr braucht keine Dauersendung von euch zu produzieren!

PRAXIS-CHECK → Schreibe dir ein erstes Skript für deine Online-Schulung
Dabei überlegst du dir einen Anfang und ein Ende, außerdem den Aufbau der einzelnen Module. Wann reicht eine Folie, wann muss der Inhalt mit einem Video erklärt werden?

Vermarktung: Warum weniger manchmal mehr ist

Ein Teil ihres Erfolgsrezepts der Online-Kurse liegt in der Verknappung, einem ursprünglich amerikanischen Modell. Carolines Kurse zum Beispiel sind dementsprechend nicht das ganze Jahr über verfügbar, sondern werden zwei- bis dreimal im Jahr stark auf allen Kanälen beworben. Die Anmeldung ist dann nur genau sieben Tage lang möglich. Zu einem Launch nach Carolines Modell gehört eine gut geplante, mehrmonatige Social-Media-Strategie, die in ebenden sieben Tagen mündet, an denen es den Kurs zu kaufen gibt.

Du kannst natürlich aber auch einen anderen Weg gehen als in Carolines Modell beschrieben und deine Kurse ganzjährig anbieten, so hast du im Zweifel einen steten Fluss an Buchungen und geringere punktuelle Marketingkosten, dafür fallen diese das ganze Jahr über immer wieder an.

CAROLINE PREUSS

Caroline Preuss ist Expertin für die Vermarktung von Online-Kursen und hat ihre Kurse, die sich hauptsächlich an Unternehmerinnen richten, zu einem Millionenbusiness aufgebaut. Sie rät trotzdem oder gerade deswegen zu simplen und kostengünstigen Tools, bei denen man sich mit wenig Aufwand schnell einen ersten Überblick verschaffen und loslegen kann.

www.carolinepreuss.de

carolinepreussde

→ Carolines Tipps für eine Online-Schulung

1. Sorge für ein exklusives Momentum: Das ist häufig der letzte Anstoß bei Interessierten, den Kurs auch wirklich zu buchen.
2. Ihr Modell hat einige Vorteile: Zum einen ist es natürlich ein psychologisch extrem mächtiges Verkaufsargument.
3. Zum anderen ermöglicht es die bessere Betreuung aller Teilnehmenden: Sie starten zur gleichen Zeit und sind deshalb auf demselben Stand. Das erleichtert die Betreuung ungemein.
4. Weiterer Pluspunkt: Werbekosten fallen nicht das ganze Jahr über an, sondern nur punktuell zu den Launch-Zeiten.
5. Jedoch muss man dieses Haben-Wollen-Gefühl natürlich auch erst einmal aufbauen.

»Man kann durchaus auch mit schön gestalteten, eingesprochenen Folien arbeiten, dazu empfehle ich ein kleines persönliches Video am Anfang, ein Abschlussvideo am Ende. 80 Prozent meiner Kundinnen machen Kurse mit Folien, die sie einsprechen.«

Expertin für Online-Kurs-Vermarktung Caroline Preuss

Dich selbst filmen: Übungssache

Übe mit einer Instagram-Story! Schreibe dir auch hier ein Skript, überlege dir ein Setting, und drehe die Story danach ab. Diese »Professionalisierung« wird dir die Scheu davor nehmen, in dein Telefon zu reden, weil es sich anders anfühlt, wenn du mit einem Skript und eventuell auch Profi-Setting oder -Accessoires in die Kamera sprichst.

Blicke beim Aufnehmen nicht auf das Display, sonst schaust du die Zuschauenden nie direkt an! Klebe dir eine farbige Markierung neben die Kamera. Halte das Telefon dabei jedoch nicht wie bei einem Selfie in der Hand! Sonst werden die Videos wackelig und du hast nicht beide Hände frei. Auch deine Körperhaltung und die Ansprache ist ruhiger und sicherer, wenn du mit Stativ arbeitest. Finde alternativ einen sicheren Platz für dein Smartphone. Sorge in deinem gesamten Setting für das richtige **Licht**. → S. 81

In deinem Setting solltest du dich als Allererstes wohlfühlen: sitzen, stehen … alles ist möglich. Während der Probierphase kannst du auch Varianten üben. Integriere zum Beispiel eine Bildschirmaufnahme in deine Story, sprich Ton ein, setze Untertitel, oder lege einen Song darüber in der **Postproduktion**. Das alles kannst du direkt in der Instagram-App machen. → S. 111

PRAXIS-CHECK → Ideen für deine Instagram-Story

Zu welchem Thema könntest du eine Story machen, und wie könnte diese aufgebaut sein? Jede einzelne Story ist 15 Sekunden lang, du kannst aber längere Sequenzen aufnehmen, indem du den Video-Button gedrückt hältst. Nutze die Story als Testumgebung für dein Thema, und wechsele zwischen verschiedenen Formaten (Sprachvideo, Video, Text, Foto) ab. So kannst du gut sehen, wie und in welcher Form deine Themen bei deiner Community ankommen.

1	Thema	
	Verwendete Formate	
	Umsetzungsidee	
2	Thema	
	Verwendete Formate	
	Umsetzungsidee	
3	Thema	
	Verwendete Formate	
	Umsetzungsidee	
4	Thema	
	Verwendete Formate	
	Umsetzungsidee	

Wie kann ich mir ein »Studio« bauen?

Wie dein »Studio« oder dein Hintergrund aussehen wird, hängt ganz davon ab, was du anbietest und womit du dich wohlfühlst. Zunächst einmal besinne dich noch einmal auf deine CI. Wenn du Süßigkeiten anbietest und bei dir ist alles bunt und verrückt, darf sich dies auch in deinem Kurs widerspiegeln. Grundsätzlich gilt jedoch: Je ruhiger die Umgebung ist, umso mehr Fokus liegt auf dir und deinem Angebot. Meist ergibt sich daraus ganz natürlich ein Setting (deine Kulisse zum Drehen). Bietest du Kochkurse an, wirst du in einer Küche filmen, wenn du etwas mit Tieren machst, wirst du vielleicht draußen sein.

Zeige dich und baue dir dort deinen Drehplatz auf, wo du dich wohlfühlst, wenn du keine expliziten Vorgaben durch dein Angebot hast. Es muss kein klassisch steriler Arbeitsplatz sein, vielleicht möchtest du in deinem Kurs lieber stehen als sitzen. Hell und ruhig ist immer angenehm für User:innen, du darfst aber auch deine CI-Farben einbinden.

Wenn du keine eigene Küche zum Aufnehmen oder keinen geeigneten Arbeitsplatz hast, kannst du auch ein Studio mieten.

❗ **Tipp:** airbnb-Wohnungen. Einige kann man speziell für Foto- oder Videoproduktionen anmieten.

Wenn du den optimalen Platz gefunden hast, richte ihn dir gleich für **mehrere Aufnahmen** ein. Installiere ein Stativ, leuchte den Platz mithilfe einer Tageslichtlampe aus, dann baue dein Setting auf. Bevor du los legst, mach einige Probeaufnahmen samt geplanten Bewegungen. Dabei merkst du schnell, ob du noch etwas verändern musst. Du kannst dir einen unsichtbaren Rahmen mit Klebefilm oder Washi-Tape auf den Boden oder deinen Schreibtisch kleben, damit du immer weißt, bis wohin dein Bildausschnitt geht.

→ **S. 111**

Wenn du während der Aufnahme sprechen möchtest, nutze auf jeden Fall ein Mikrofon, bei Live-Ton am besten eines zum Anstecken. Falls du am Schreibtisch sitzt, sollte es nah vor dir stehen.

Meine Favoriten

→ **Ansteckmikro: RØDE Lavalier:** um die 60 €
→ **USB-Micro: ebenfalls von Røde:** NT-USB ca. 150 €

Du kannst aber auch etwas vorführen und das danach vertonen. Das ist besonders bei körperlicher Anstrengung leichter: Du brauchst nicht auf die gesamte Technik auf einmal zu achten. Das Zusammenfügen der Spuren und Nachbearbeiten von Bild und Ton heißt Postproduktion.

PRAXIS-CHECK → Skizziere hier dein Setting samt Kamerawinkel → **S. 84**

Fotografierst du vom Schreibtisch aus oder sitzt du auf einem Bodenkissen? Liste außerdem Geräte sowie Software auf, die du benötigst.

Geräte

Software

Zeitmanagement: Batching in der Produktionsplanung

Batching kommt aus dem Englischen und bedeutet, dass mehrere Aufgaben zusammengefasst und dann nacheinander abgearbeitet werden. So gelingt mehr in kürzerer Zeit. Das kann bedeuten, dass du in deinem Online-Shop an zwei Tagen die Woche alle Bestellungen packst, labelst und verschickst. Es kann auch bedeuten, mehrere Inhalte auf einmal zu produzieren. Oft lohnt es sich nämlich, sich vorher ein paar Gedanken zu machen, was man noch weiterverwenden kann.

Kannst du zum Beispiel eine Frequenz des Online-Kurses auch als kleines Video für Social Media oder deine Webseite verwenden? Dann mach an entsprechender Stelle einen Cut, oder notiere dir die Zeiten direkt für den Schnitt. Kannst du im gleichen Setting auch Fotos machen? Dann brauchst du nicht alles zweimal aufzubauen und bleibst deiner CI ganz automatisch treu.

Inhalte effizient produzieren

Durch dein Kursskript weißt du, welchen Umfang dein Kurs haben wird, und zwar schon zeitlich abgesteckt. Daraus kannst du ableiten, zu welchen Themen du Videos drehen möchtest und ob diese aufeinander aufbauen. Setze dir ein internes Abgabedatum und plane rückwärts, was bis dahin fertiggestellt werden muss. Oft bedingen sich einzelne Aufgaben, so müssen Setting und Skript stehen, bevor du drehen kannst. Vielleicht ergeben sich bereits Batches? Du drehst etwa mehrere kleine Kurssequenzen an einem Studiotag, oder du produzierst mehrere Postings von einem zubereiteten Gericht. Finde so eine Struktur und ein System für deine Themen.

Jetzt erstellst du dir einen Produktionsplan: welche Screen-Videos, also Videos, bei denen du mitschneidest, wie du etwas am Bildschirm machst, welche Setting-Videos?

PRAXIS-CHECK → Produktionsplanung
Hier habe ich einen Plan mit einzelnen Produktionstagen aufgestellt, es kann aber natürlich sein, dass du für einzelne Schritte mehrere Tage benötigst. Sie müssen auch nicht aufeinanderfolgen.

PRODUKTIONSTAG 1 → SCREEN-VIDEOS
Du nimmst mithilfe der Bildschirmaufnahmefunktion deine Handlungen am Bildschirm auf, um zum Beispiel ein Tool zu erklären. Richte einmal alles ein, und nimm alles mit den gleichen Einstellungen auf.

Geplante Videos	Datum
	○ ERLEDIGT

PRODUKTIONSTAG 2 → TEXTEN
Damit du dich sicher damit fühlst, was du in den späteren Setting-Videos sagst, aber auch fürs Einsprechen der Screen-Videos, solltest du dir Texte vorschreiben und diese einüben. Dabei ist die Betonung wichtig, aber auch, wann du atmest oder explizit in die Kamera blickst.

Geplante Texte	Datum
	○ ERLEDIGT

PRODUKTIONSTAG 3 → SCHNITT DER SCREEN-VIDEOS
Auch bei Bildschirmaufnahmen ist manchmal am Anfang noch ein Aufnahmeknopf zu sehen, oder du hast dich zwischendrin verklickt. Jetzt kannst du dir die Sequenzen zurechtschneiden.

Geplanter Schnitt	Datum
	○ ERLEDIGT

PRODUKTIONSTAG 4 → VERTONUNG

Du vertonst alle Screen-Videos. Für die Aufnahme sollten die O-Töne an einem Ort ohne jegliche Hintergrundgeräusche eingesprochen werden. Sie sollten zu Länge und Inhalt der Bildschirmaufnahmen passen.

Geplante Vertonungen	Datum
	○ ERLEDIGT

PRODUKTIONSTAG 5 → DREH DER SETTING-VIDEOS

Fürs Setting leuchtest du alles aus, baust das Mikrofon auf, setzt dir eventuell Markierungen für deinen Bildausschnitt, machst ein Test-Shooting, und dann drehst du deine Videos, in denen du zu sehen sein möchtest.

Geplante Videos	Datum
	○ ERLEDIGT

PRODUKTIONSTAG 6 → SCHNITT DER SETTING-VIDEOS

Du schneidest alle Videos mit dir im Bild. Falls du an manchen Stellen mit einem Live-Ton nicht zufrieden bist, kannst du auch nachvertonen.

Geplanter Schnitt	Datum
	○ ERLEDIGT

Software: kreativ produziert

Eine große Angst, die viele von uns – und ich schließe mich vollständig mit ein – am Anfang eines solchen Mammutprojekts plagt, betrifft meist die Teile, bei denen man sich nicht so sicher fühlt. Wenn du es dir nicht zutraust oder zeitlich nicht stemmen kannst, kannst du dir für die Bereiche Kamera, Videoschnitt und Grafiken auch einen Fachmann oder eine Fachfrau buchen. Freelance Designer:innen oder Cutter:innen findest du z. B. bei *de.fiverr.com* oder der deutschen Plattform *www.dasauge.de*.

Ich wollte diese Schritte gern am Anfang selbst lernen und habe mich daher auf die Suche nach Tools für Einsteiger:innen gemacht. Für all diese Softwarelösungen gilt: Du musst dich einarbeiten. Schau dir Tutorials an oder lies Artikel dazu, dann kommst du Schritt für Schritt vorwärts!

1. Der Videoschnitt

Ich stelle dir hier ein paar komfortable Programme für die Postproduktion vor. Natürlich musst du dich bei jedem ein wenig einarbeiten, aber nicht gleich ein IT-Studium beginnen.

Meine Favoriten

- → **DaVinci Resolve (in großem Umfang kostenlos):** Farbkorrektur- und Videoschnitt-Software
- → **iMovie (Teil der App-Angebote auf Apple-Geräten):** recht leicht zu bedienendes Schnittprogrammm, mit dem du Videos schneiden und die Farben anpassen kannst
- → **moviemaker (Teil der App-Angebote auf Windows-Geräten):** Äquivalent für Windows und ebenfalls für Anfänger geeignet

Die Programme sind dazu geeignet, deine Kursvideos zu kürzen, Schnitte zu setzen, Musik zu hinterlegen und O-Töne im Nachhinein zu integrieren.

2. Das Design

Deine Kurse sollten vollständig in einer CI gehalten sein. Wenn du selbst grafisch eher nicht so bewandert bist, kannst du Präsentationen ganz wunderbar mit **Canva** bauen. Auf *www.creativemarket.com* kannst du dir alternativ ein Template (Vorlage) für PowerPoint oder Keynote kaufen. Damit hast du eine Vorlage, in der Icons, Grafiken und Ähnliches schon angelegt sind.

→ S. 36

3. Der Host

Es gibt einige Kursanbieter, bei denen du deinen Kurs veröffentlichen kannst. Dadurch hast du recht viele Vorteile: Zum einen erscheint der Kurs auf der Plattform selbst, kann direkt dort gebucht und auch gut gefunden werden. Zum anderen ist das digitale Anlegen des Kurses deutlich leichter, als es komplett allein zu entwickeln.

Es empfiehlt sich, einen deutschen Anbieter auszuwählen, wegen der in Deutschland gängigen Zahlungsmodalitäten. Solche Anbieter sind zum Beispiel *www.elopage.com* oder *www.digistore24.com*.

Hier erstellst du die Inhalte nun wie folgt (Anbieter ähneln sich im Ablauf):

1. Account bei dem Anbieter deiner Wahl erstellen.
2. Baue zunächst eine Übersicht auf. Darunter kannst du einzelne Modelle anlegen und darin einzelne Kapitel planen.
3. Bezahlseite zusammenstellen.
4. Lege fest: Was passiert nach dem Kauf – welche E-Mails sollen deine Kund:innen von dir erhalten?
5. Online stellen und entsprechend bewerben oder über deine Social-Media-Präsenz vermarkten (mehr dazu ab S. 120).

CHECKLISTE → An alles gedacht?

Hast du ein Thema gefunden, mit dem du dich sicher und wohl fühlst?

○ erledigt ○ noch zu erledigen bis

Hast du deine Hausaufgaben gemacht, die Konkurrenz angeschaut und überprüft, ob du einen Nerv am Markt triffst?

○ erledigt ○ noch zu erledigen bis

Hast du deine Preise durchdacht kalkuliert und mit anderen Angeboten in deinem Bereich verglichen?

○ erledigt ○ noch zu erledigen bis

Ist dein Kursaufbau detailliert festgelegt?

○ erledigt ○ noch zu erledigen bis

Ist deine Schulung stringent?

○ erledigt ○ noch zu erledigen bis

Hast du dir ein Skript geschrieben, wie du die Inhalte aufeinander aufbauen möchtest?

○ erledigt ○ noch zu erledigen bis

Passen Gestaltung und Inhalte zur Zielgruppe?

○ erledigt ○ noch zu erledigen bis

Hast du einen Produktionsplan mit dem entsprechenden Zeitplan aufgestellt?

○ erledigt ○ noch zu erledigen bis

Hast du ein passendes Setting gefunden?

○ erledigt ○ noch zu erledigen bis

Dein technisches Equipment steht?

○ erledigt ○ noch zu erledigen bis

Sind deine gesamten Inhalte abgedreht und vertont?

○ erledigt ○ noch zu erledigen bis

Hast du alles von vorn bis hinten angeschaut?

- erledigt
- noch zu erledigen bis ____

Hast du inhaltlich nichts vergessen, und ist das Ganze in sich logisch? Zeige dafür dein Skript und/oder deinen Online-Kurs deiner ausgewählten Feedbackrunde.

- erledigt
- noch zu erledigen bis ____

PRAXIS-CHECK → Manöverkritik nach deiner Online-Veranstaltung

	Das lief gut	Das würde ich anders machen
Planung		
inhaltliche Vorbereitung		
Storyboard		
technische Umsetzung		
das Event/ die Live-Ansprache		
Teilnehmende		
Feedback von Teilnehmenden		

Feedbackrunde

Organisiere dir eine Beta-Testgruppe; du kannst dafür Plätze in dieser Gruppe auf Social Media anbieten. Die Testenden haben dabei kostenlosen Zugriff auf deine Inhalte und geben dir dafür Feedback zu dem Kurs. So kannst du überprüfen, wie viele Menschen Interesse an deinen Inhalten haben, und den Kurs bei einer validen Gruppe von Interessierten testen. Hole dir unbedingt Feedback zu deinen Kursmodulen ein – so siehst du vieles klarer. Mit dem neuen Input kommst du sicher gleich weiter!

Feedback zum geplanten Online-Kurs über

1

Name

Datum

Feedback

Idee/n zur Verbesserung

2

Name

Datum

Feedback

Idee/n zur Verbesserung

3

Name

Datum

Feedback

Idee/n zur Verbesserung

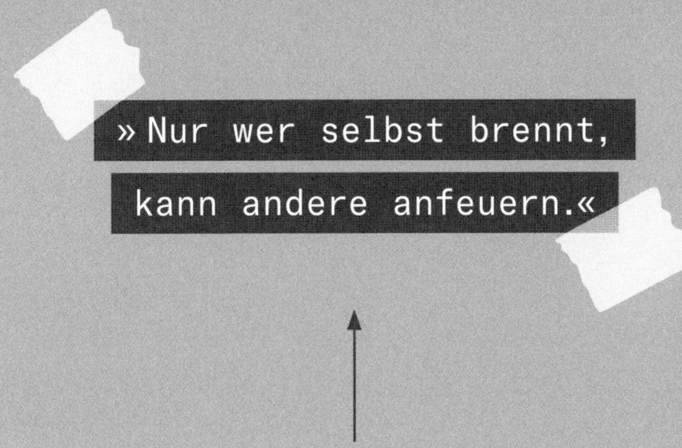

AUGUSTINUS VON HIPPO

Philosoph, Theologe und christlicher Kirchenlehrer (354–430)

Online-Marketing

Von Social Media bis SEO

Ich habe mein komplettes berufliches Leben digital verbracht, seit zehn Jahren schreibe und erstelle ich Online-Content und Social-Media-Strategien für Unternehmen und Verlage. Obwohl ich also genau weiß, wie wichtig das alles ist, fällt es auch mir an manchen Tagen schwer, meine Kanäle ganz perfekt zu pflegen. Mir hat es total geholfen, mir einen Plan zu erstellen und mir einzugestehen, dass ich in diesem Leben keine Top-Fotografin mehr werde, die spontan ein tolles Bild produzieren kann. Stattdessen habe ich mir Presets gekauft und an meinen Ansprüchen gearbeitet – und siehe da: läuft auch, nur mit deutlich weniger Stress!

Editorial Calendar: Planung im Marketing

Du kannst die schönsten und spannendsten Inhalte erstellen, den besten Shop und die cleversten Produkte haben – wenn kein Mensch davon weiß, wird trotzdem keine:r deine Produkte oder Services kaufen. Du musst im Netz erst einmal auf dich aufmerksam machen. Und dabei hilft Online-Marketing.

Ob Social Media, Newsletter, Blog oder Podcast – eventuell ist nicht jedes Tool oder jeder Kanal etwas für dich. Du brauchst auf keinen Fall alle gleichwertig zu bespielen, suche dir aber mindestens einen davon aus, um richtig durchzustarten. Wähle ein dir vertrautes Medium und checke, wo du deine **(tatsächliche) Zielgruppe** am ehesten antriffst. → S. 23 Ideal ist natürlich eine Kombination aus beidem.

Überlege dir nun ein Konzept und Inhalte, die deine Kund:innen interessieren. Es geht zunächst einmal darum, spannenden Content zu erstellen, um von dir und deinem Business zu überzeugen. Du solltest hierbei jedoch nicht nur deine Kreativität ausleben, sondern dir auch mit bewährten Tools eine Grundlage schaffen – eines stelle ich dir gleich vor, den **Editorial Calendar**. → S. 122 Beobachte den Markt, analysiere deine Konkurrenz, überlege dir konkrete (Umsatz-/Klickrate-)Ziele, erstelle eine Strategie. Dann leg los. Du wirst auch beim Tun noch viel über dich und deine Zielgruppe lernen und kannst immer wieder nachjustieren und verbessern.

Die Übersicht der Dinge: dein Editorial Calendar

In einem Editorial Calendar schreibst du die Ereignisse oder Events eines Jahres nieder, die für dich und dein Business Relevanz haben. Dazu trägst du ein, welche Produkte, Inhalte oder Features du zu diesen Anlässen veröffentlichen oder bereitstellen möchtest – und wie viel Vorlauf du dafür benötigst. So erstellst du dir einen groben Jahresplan und verzettelst dich nicht.

Um Weihnachten kommt wohl niemand herum, aber auch der Internationale Frauentag am 8. März oder der Tag der Schokolade am 7. Juli bieten gute Gelegenheiten für Veröffentlichungen. Besonders wenn dein Produkt gut dazu passt, wenn du also zum Beispiel Backkurse anbietest.

So ein gut bestückter Kalender bedeutet im ersten Schritt Rechercheaufwand, sorgt aber für jede Menge »Futter« für deine Kanäle. Wichtig dabei: Nimm nicht jeden Trend oder Termin mit, denn du wirst dieses Tool nicht als Einzige:r in der Online-Marketing-Welt zu Hilfe nehmen. Achte stets darauf, was zu dir, deiner Brand und deiner Zielgruppe passt!

PRAXIS-CHECK → Idea-Mapping – Welche Inhalte und Termine passen zu deinem Angebot?

Ein Beispiel: Du bist eine Gründerin, die Backkurse und dazu passende hochwertige Backsets anbietet. Dann ist alles rund um das Thema Backen, Süßigkeiten und Schokolade sowie die jeweiligen Festtage wichtig, alle Jahrestermine, an denen traditionell gebacken oder etwas Selbstgebackenes verschenkt wird, alle Tage, die einen Bezug zu Süßem haben. Doch es können auch Serienstarts im Fernsehen sein, zum Beispiel von der SAT.1-Show *Das große Backen*.

Mein Angebot:

passende Inhalte:

passende Termine:

PRAXIS-CHECK → Jahresplanung erstellen

JANUAR

FEBRUAR

MÄRZ

APRIL

MAI

JUNI

JULI

AUGUST

SEPTEMBER

OKTOBER

NOVEMBER

DEZEMBER

E-Mail-Marketing: Sie haben Post!

Jetzt hast du dir ein wenig »Futter« für deine Kanäle erarbeitet, nun geht es an die praktische Umsetzung, zunächst das Thema Newsletter.

1. Das Simpelste und gleichzeitig Wichtigste zuerst: Für einen Newsletter muss man sich anmelden (dazu mehr in Punkt 3).

2. Du hast die Möglichkeit, mit einem Newsletter aktuelle Themen und Inhalte zu transportieren oder neue Produkte vorzustellen. Newsletter erscheinen in der Regel kostenlos und regelmäßig – in welchem Turnus (wöchentlich, monatlich, jährlich), kannst du für dich selbst entscheiden.

3. Datenschutzbestimmungen müssen eingehalten werden!
Nimm einen Link auf, der das Abo unproblematisch beendet.
Für die Anmeldung ist das Double-Opt-in (also eine zweifache, ausdrückliche Zustimmung) zu empfehlen, weil es durch eine nochmalige Bestätigung bei den Abonnent:innen abfragt, ob sie wirklich in den Verteiler wollen. Die einfache Anmeldung ohne Bestätigungspost (Single-Opt-in) gilt schon teilweise nicht mehr als rechtskonform.

Stelle zunächst eine Newsletter-Liste zusammen – und finde neue Empfänger:innen. Am einfachsten klappt das über Freebies für den Eintrag in den Verteiler. Biete zum Beispiel als Yogalehrer:in ein Dokument mit »Zehn Yogapositionen für Entspannung im Büroalltag« an. Man erhält es nach Newsletter-Anmeldung kostenlos.

Außerdem sollte die Anmeldung rasch (vergiss nicht, dafür z. B. einen auffälligen Button auf der Seite einzuplanen) erledigt sein. Und du kannst natürlich auch hochwertige Inhalte oder Sales zuerst oder ausschließlich mit deiner Newsletter-Community teilen.

Freebies

... sind kleine Geschenke, die du deiner Community machst. Das können Downloads sein oder ein Rabattcode, verkürzte Inhalte aus deinen Kursen oder eine schöne Vorlage zum Ausdrucken. Belohne die Newsletter-Anmeldung mit exklusiven Freebies (oder Rabatten)!

PRAXIS-CHECK → Welche Freebies würden deine Community erfreuen?

Newsletter: Worauf kommt es an?

Wie so oft im Leben kann man auch hier antworten: Das kommt darauf an! Es hängt vom Ziel des Newsletters ab. Hier kann man zwischen Umsatz und dem *engagement*, also der Interaktion unterscheiden. Online-Shops nutzen den Kanal via E-Mail eher für das Veröffentlichen neuer Produkte sowie für vertriebs- oder absatztreibende Aktionen. Content-Webseiten oder Software-as-a-Service-Anbieter (SaaS) hingegen fokussieren sich eher auf das *engagement* und die Unterhaltung.

ISABELLE GARDT

Newsletter-Expertin Isabelle Gardt ist Geschäftsleiterin der Online Marketing Rockstars (OMR), die größte Wissens- und Inspirations-Plattform für die Digital- und Marketingszene in Europa. OMR-Gründer Philipp Westermeyer gehört sicherlich zu den bekanntesten Gesichtern der Marketingbranche, OMR ist sowohl Wissensplattform als auch für ihre Konferenz bekannt, die beim jährlichen OMR-Festival in Hamburg stattfindet.

www.omr.com

→ Isabelles Tipps zum Thema Newsletter

Content
Als Content wird im Bereich des Online-Marketings der gesamte Inhalt einer Webseite bezeichnet. Das sind neben (HTML-)Text auch Bilder, Grafiken, Videos, Musikdateien oder GIFs.

Software-as-a-Service
SaaS ist ein Lizenz- und Vertriebsmodell, bei dem Software-Anwendungen als Service angeboten werden. Die Nutzung erfolgt meist auf Abo-Basis.

Einige Daten deiner Newsletter-Abos zu tracken ist durchaus sinnvoll. Google Analytics oder ähnliche Anbieter verschaffen dir Zugang zu diesen Analysen, du musst dafür einen Code in deine Webseiten-Programmierung einfügen, den du nach Anmeldung erhältst. Dabei gilt es immer, sich rechtlich abzusichern. Dies geschieht in der Regel durch das **Cookie-Banner**. Fürs Marketing interessante Daten kann man an drei Szenarien festmachen: → S. 71

1. Die Bestellung (siehe PRAXIS-CHECK folgende Seite)

2. Für die automatisierte Zusendung von Gutscheinen zum Geburtstag oder für Loyalty Mailings: Geburtsdatum oder Datum der Registrierung/des ersten Kaufs im Online-Shop

3. Bindung an Marke durch gezielte Ansprache und relevanten Content – hier gibt es die unterschiedlichsten Daten je nach Geschäftsmodell (Content-Webseite, SaaS, App-Game-Anbieter).

So einfach es sich anhört: Ist der Newsletter relevant für den Empfänger oder die Empfängerin, wird er weiterhin geschätzt und gelesen.

PRAXIS-CHECK → Verschaff dir einen Überblick!

Unterteile deine potenziellen Empfänger:innen des Newsletters in Cluster, also bestimmte Muster. Bei Anbietern wie Shopify kannst du dies im internen Analytics Tool sehen, bei Baukastenseiten wie Squarespace bekommst du ebenfalls genaue Auswertungen geliefert, bei allen anderen kannst du es in den Analytics Reports von Google nachschauen.

Produkt

Wie häufig wurde Produkt ______ bestellt?

Was (aus welchen Themenbereichen) wurde bestellt?

Wie hoch war der durchschnittliche Warenkorbwert?

Wie hoch ist der Gesamtumsatz bei den analysierten Kund:innen?

Wie lange liegt der letzte Kauf zurück?

In welchem Rhythmus wird eingekauft?

Content

Was wird auf deiner Webseite/deinem Blog besonders oft gelesen?

Welche Kategorie/welches Thema der Webseite interessiert deine Gäste am meisten?

Welche weiterführenden Artikel werden gelesen?

Auf welche Links wird geklickt?

Wie häufig solltest du verschicken?

Das kommt auch darauf an, wie häufig etwas in deinem Online-Angebot passiert. Jedoch solltest du Subscriber:innen nicht vollspammen. Das geeignete Tool zum Planen von Newslettern ist ein Redaktionsplan, ähnlich wie dein Editorial Calendar. Mache dir im Vorhinein Gedanken, wie viele Newsletter du rein zeitlich erstellen und verschicken kannst. Auch davon hängt die Frequenz ab. Dann unterscheide zwischen der Art der Newsletter – möchtest du einen Sale bewerben, Produktnews veröffentlichen oder auf ganz neue Artikel in deinem Sortiment hinweisen?

Erscheint bei dir täglich neuer relevanter Content, kann ein Newsletter auch jeden Tag verschickt werden. Biete alternativ die Option, eine wöchentliche Mail mit Infos aus den täglichen Newslettern zu erhalten.

Möchte man den Abverkauf von Produkten steigern, verschickt man bei Einführung einen Newsletter. Zusätzlich können sogenannte E-Mail-Serien aufgesetzt werden, die beispielsweise 24 Stunden nach Warenkorbabbruch und später erneut Nutzende an den vollen Warenkorb erinnern. Oder auch dann, wenn ein Produkt im Warenkorb reduziert wurde.

Wie lang sollte dein Newsletter sein?

Ein viel diskutiertes Thema. Fakt ist allerdings, dass es nicht die primäre Aufgabe eines Newsletters ist, durch Schönheit zu bestechen, sondern Umsatz oder Interaktion zu erreichen. Isabelle Gardt empfiehlt die Seite *www.reallygoodemails.com*, hier findest du Best Practices für Layouts, die bestimmte Use Cases abbilden (Call to Action: eine Handlungsaufforderung, Markentreue, Sale …).

Je größer der Mehrwert, desto längeren Inhalt kann der Newsletter haben. Isabelle Gardt rät dazu, die Länge eines Desktop-Screens nicht zu überschreiten. Letztlich ist jedoch der Content mitentscheidend – wird beispielsweise eine Bauanleitung oder eine bebilderte Produktübersicht verschickt, kann der Newsletter auch länger sein. In diesem Fall sortieren die Nutzenden anhand der Bilder visuell irrelevanten Content aus. Längere Texte sollten außerdem visuell erkennbar und inhaltlich klar strukturiert sein – mittels Aufzählungen, Zwischenüberschriften, Bildern …

Solltest du Bilder und Videos integrieren?

Bilder haben einen großen Effekt auf die Wirkung einer E-Mail. Sie führen die Blickrichtung der Leser:innen. Außerdem wecken sie Emotionen in uns. Wichtig ist vor allem das Header Image (Kopf des Newsletters), wenn eines verwendet wird, da es das erste Inhaltselement ist. Somit ist es hilfreich, wenn das Header Image es schafft, den Inhalt der Mail zusammenzufassen, und bestenfalls direkt den gewünschten **Call to Action** promotet.

→ S. 155

Beim Einbinden von Bildern solltest du immer mit so geringen Auflösungen wie möglich arbeiten. E-Mails mit zu großer Bilderlast könnten im Spamfilter der Empfänger landen. Außerdem erhöhen große Bilder die Ladezeit der E-Mail, vor allem auf mobilen Geräten.

Viele Newsletter-Tools haben Probleme bei der Dar- und Zustellung von E-Mails mit integriertem Video. Daher würde Isabelle Gardt von Videos in Newslettern abraten. Ein Workaround: Thumbnail (Vorschaubild) des Videos im Newsletter einbetten und damit auf das Video verlinken.

Sollte die Ansicht für Smartphones optimiert sein?

Isabelle Gardt meint: auf jeden Fall. Viele Desktop-Templates sind jedoch nicht für Smartphones optimiert. Darauf haben einige Tool-Anbieter reagiert und durch WYSIWYG-Editoren (What you see is what you get) die Möglichkeit geschaffen, die Templates für Desktop und für die mobile Ansicht zu optimieren.

Bei der mobilen Ansicht sollte bei der grafischen und HTML-Entwicklung auf Schriftart und Schriftgröße geachtet werden. Außerdem müssen Bilder für mobile Endgeräte optimiert werden und die Schrift auf Bildern lesbar bleiben. Elemente wie Bilder im Querformat, die in der mobilen Ansicht sehr klein werden oder auch Videos oder GIFs, die nicht richtig laden könnten, in der Mobilansicht lieber deaktivieren (bieten die meisten Tools als Feature).

Ordnung ist die halbe Miete: Newsletter gruppieren

Newsletter-Expertin Isabelle Gardt verrät dir, wann eine Unterteilung sinnvoll ist: Veröffentlichst du jeden Tag einen Artikel und verschickst am Ende der Woche einen Newsletter, der alle Artikel bewirbt, ist eine Segmentierung (auch als »Filter« bezeichnet) wenig sinnvoll, da sich vermutlich alle Subscriber:innen für die gleichen Inhalte interessieren.

Bewirbst du eine Vielzahl von Produkten auf einmal in deinem Newsletter, würdest du jedoch mit Kanonen auf Spatzen schießen. Dann solltest du schon von Beginn an segmentieren, deine Newsletter-Abos unterteilen. Je komplexer segmentiert wird, desto höher werden die Öffnungs- und Klickraten. Das bedeutet, je besser der Inhalt zu den Angemeldeten passt, desto weniger ist er oder sie geneigt, den Newsletter direkt wieder abzubestellen. Anders ausgedrückt: Wenn deine Abonent:innen genau passenden (für sie relevanten, unterhaltsamen, fachlich interessanten) Content erhalten, werden sie das zu schätzen wissen und sich nicht abmelden, sondern im besten Fall sogar anderen deinen Newsletter empfehlen.

Segmentierung

Unter einer Segmentierung versteht man das Einteilen der Nutzenden in verschiedene Gruppen. Diese Unterteilung kann zum Beispiel anhand von inhaltlichen Interessen geschehen. Wenn du also zum Beispiel einen großen Online-Shop betreibst und zahlreiche Kategorien anbietest, kannst du mittels Segmentierung den Kund:innen nur die Infos und News zu den Produkten schicken, die sie besonders interessieren oder die sie besonders häufig kaufen. Die Daten über deine Nutzenden erhältst du via **Analysetools** **→ S. 130** und durch die Reportings deines Newsletter-Tools.

PRAXIS-CHECK → Segmentierung für deinen Newsletter

Wie breit ist das Angebot deines Shops, verkaufst du zum Beispiel Damen- und Herrensachen oder nur Kinderkleidung? Wenn es nur Kinderkleidung ist, ist sie für Kleinkinder und ältere Kinder oder lediglich für Babys?

Wenn du eine größere Bandbreite hast: Wie sehr unterscheidet sich das Interesse der Kund:innen – lassen sich Muster erkennen?

- Ja, und zwar:

Wie groß ist deine Auswahl an Produkten?

- mehr als 20
- unter 200
- mehr als 500

Gibt es Inhalte, die nur für einen Teil deiner Newsletter-Abonnent:innen interessant sind – weil sie zum Beispiel einen lokalen Bezug haben?

- Ja, und zwar:

Wie könnten deine segmentierten Gruppen aussehen?

Und was könnten Inhalte sein, die sie interessieren?

Mit welcher Frequenz möchtest du den Newsletter versenden?

- monatlich
- wöchentlich
- täglich
- zu besonderen Anlässen

PRAXIS-CHECK → Gestalte deine Newsletter-Inhalte

Wie soll dein Newsletter optisch aufgebaut sein?

Möchtest du Bilder integrieren, soll es feststehende Rubriken geben, oder sollen Produkte eingebunden werden? Welchen Content (im Sinne von emotionalen Inhalten und Storytelling) willst du bieten?

PRAXIS-CHECK → Entwirf hier die gestalterische Struktur deines Newsletters:

Newsletter-Software: Tools für Einsteiger:innen

Die Basis eines E-Mail-Tools besteht aus

→ einer Adressdatenbank, die E-Mail-Adressen und persönliche Daten der Subscriber:innen speichert und individuelle Anreden in die Mailings einfügen kann. Man kann die Adressdatenbank mit seiner Webseite über ein Plug-in verbinden, sodass die Adressen direkt bei dem Tool eingespeist werden.

→ einem Editor, mit dem du Mailings erstellen kannst, hier kannst du durch die Vorschaufunktion schnell sehen, welche Elemente gut funktionieren und welche in der Newsletter-Umgebung nicht so gut funktionieren. Beispiel: Textlängen oder Bilder

→ einer Versandmaske zur Auswahl der Empfänger:innen (mit Filter-/Segmentierungsfunktionen)

→ der Möglichkeit, Termine für den Versand zu planen (Automation)

→ einer Reporting-/Analyse-Ansicht, in der Öffnungen und Klicks der Newsletter angezeigt werden. Hier kannst du sehen, wie viele Menschen deinen Newsletter geöffnet haben. Das zeigt dir, wie ansprechend die Betreffzeile war. Auch wann sie ihn wieder geschlossen haben, verrät dir, wie gut deine Inhalte auf den ersten Blick waren. Außerdem wird aufgezeichnet, auf welche Inhalte, Links oder Videos geklickt wurde.

Welche weiteren Funktionen benötigst du: Möchtest du E-Mails automatisiert versenden, etwa nach einer Bestellung?

Eine Erleichterung für dich, wenn du nach dem Bestelleingang beispielsweise nicht extra eine E-Mail veranlassen musst, sondern diese automatisch an deine Kund:innen versendet wird.

Wie viele Software-Lizenzen und -Zugänge brauchst du?

Es gibt zahlreiche E-Mail-Tools mit unterschiedlichem Funktionsumfang. Mailchimp ist sicher eines der gängigsten Tools, das man zu Anfang mit weniger Funktionsumfang gratis nutzen und nach Bedarf erweitern kann. Allerdings ist Mailchimp kein deutscher Anbieter, daher musst du darauf achten, dass du im Sinne der DSGVO (Datenschutz-Grundverordnung) agieren kannst. Alternativen in Deutschland sind zum Beispiel SendinBlue oder CleverReach®.

Networking: Bring deine Idee unter die Leute

Sprich viel und mit vielen Menschen über deine Idee. Das kann jemand sein, der oder die dir sofort behilflich sein kann, weil er oder sie einen eigenen Laden hat, wo du vielleicht auch offline ein paar Sachen verkaufen kannst, um deine Marke zumindest regional bekannter zu machen. Vielleicht ist es jemand, der auf Social Media über dich und deine Idee etwas posten möchte. Vielleicht jemand, den oder die du einfach nach seiner oder ihrer Meinung fragen möchtest.

PRAXIS-CHECK → Verabrede drei Coffee Dates oder Video Calls:

1	Name	
	Kontakt über/durch	
	Notizen	
2	Name	
	Kontakt über/durch	
	Notizen	
3	Name	
	Kontakt über/durch	
	Notizen	

Masterminds: Gemeinsam mehr erreichen

Mastermind-Gruppen sind Menschen von einem klar umrissenen Fachbereich. So ist es durchaus hilfreich für Schreibende, sich einer Gruppe von Autor:innen aus Deutschland anzuschließen und sich dort über Ideen auszutauschen, gemeinsam Lösungen für Probleme zu suchen und Wissen miteinander zu teilen. Diese Masterminds musst du nicht zwingend schon persönlich kennen – eventuell handelt es sich um jemanden von Instagram, mit spannenden Artikeln oder Produkten im Angebot. Nimm einfach Kontakt auf!

PRAXIS-CHECK → Wer ist dein A-Team?

1

Name	
Mastermind-Thema	
Anfrage am	
Zu-/Absage am	

2

Name	
Mastermind-Thema	
Anfrage am	
Zu-/Absage am	

3

Name	
Mastermind-Thema	
Anfrage am	
Zu-/Absage am	

Social Media: Inhalte kreieren

Social Media ist sicher eines der wichtigsten Tools, um mit geringen finanziellen Mitteln einen großen Impact zu erzielen. ABER es braucht Zeit, Konzentration und Fokus, um wirklich etwas zu erreichen. Ab und zu mal mit einem Posting im Instagram-Feed aufzupoppen, bringt leider gar nichts (das weiß ich aus eigener Erfahrung). Das Wichtigste zuerst: Mach dir einen Plan! Ich weiß, du kannst das bestimmt schon nicht mehr hören, aber eine gute Editorial-Planung greift alle Kanäle, die du bespielst, mit auf. Darin wird sowohl notiert, was auf der Webseite passiert, also auch in deinem Newsletter oder auf Social Media. Die Kanäle sollen eine Welt für deine User:innen ergeben.

Du hast dir in Kapitel 2 intensiv Gedanken über deine Brand gemacht: Halte dich auch im Social-Media-Bereich an deine Vorgaben! Verwende immer die gleichen Farben, Schriften und am besten auch Einstellungen für Kamera oder Filter, um so einen harmonischen Feed zu genieren.

Feed → Ständig aktualisierte neue Inhalte von Accounts, denen du als Nutzende:r in den sozialen Medien folgst. Die meisten Social-Media-Feeds werden von einem **Algorithmus** → **S. 145** gesteuert, der bestimmt, wann welche Inhalte wem angezeigt werden.

Post → ein einzelner Inhalt (Text, Bild(er), Video), der im Feed des Accounts gepostet wird.

Story → angeboten von Instagram und Facebook, aber auch LinkedIn. Die hier publizierten Bilder und Videos sind nur für 24 Stunden sichtbar.

Reels → eine Funktion auf Instagram, die der des Konkurrenten TikTok sehr ähnelt. Kurze Videos (15 oder 30 Sekunden), häufig mit Musik hinterlegt. Sie erzählen eine weiterführende Geschichte oder nehmen neue Trends (etwa Tänze) auf.

Ein paar erfolgreiche Brands, die durch kluge Instagram-Strategie groß geworden sind:

Ooia
Ooia (bis 2019 ooshi) hat Social-Media-Kanäle geschickt genutzt, um ihr neuartiges Produkt (Periodenunterwäsche) zu zeigen, zu erklären und gleichzeitig zur Normalisierung der Periode beizutragen. Moderne Inhalte, starke Statements, ein richtig gelungenes Storytelling.
its.me.ooia

Junglück
Junglück ist eine natürliche Kosmetikmarke, die zeigt, wie Influencer-Marketing auf Social Media wirklich funktioniert. Ihre Kooperationen mit Influencer:innen, aber auch ihre eigene Social-Media-Arbeit haben ihre Reichweite und Bekanntheit gesteigert.
junglueck

Frau Hölle
Einer der bekanntesten deutschen Kreativ-Accounts gehört Tanja Cappell, auch bekannt als Frau Hölle. Sie hat sich mit Letterings, Workshops, Büchern und einer Academy ein umfassendes Handlettering-Universum aufgebaut.
frauhoelle

Recherchiere deine Vorbilder und notiere sie dir hier. Schöne Feeds kannst du als Screenshot in deinem digitalen **Vision Board** **→ S. 19** sammeln:

»How to«: erste Schritte auf Instagram

Dein Account

In den Profileinstellungen stellst du zunächst auf ein Business-Konto um oder legst deinen Account als Business-Konto an. So hast du die Möglichkeit, deine Businesskontakte zu hinterlegen, und weitere Tools wie Tracking, Sponsoring oder Reportings stehen dir zur Verfügung.

Deine Bio

Diese »Biografie« ist deine Visitenkarte, du solltest dir Gedanken um die Formulierung machen, sie immer aktuell halten und auf folgende Punkte achten:

→ Ein erkennbares Profilbild, du solltest gut zu sehen sein, und im Idealfall passt das Bild zu dir und deiner CI, repräsentiert also dein Business.

→ Klar formulierte Angaben: Wer bist du (mindestens dein Vorname), natürlich auch dein Unternehmensname samt **Rechtsform,** was hast du anzubieten, und wo gibt's mehr Informationen über dich (Webseite, Shop ...)? Es lohnt sich auch ein Link.tree, wo du mehrere Links übersichtlich darstellen kannst.

→ S. 25

Das Content-Design: Relevantes gut verpacken

Zunächst einmal können alle nicht allzu begabten Fotograf:innen aufatmen – es gibt auch für uns Möglichkeiten, etwa durch Vorlagen in Canva oder dem Nutzen von bereits bestehendem Bildmaterial wie den Produktfotos! Wichtiger als das superkünstlerische Bild am Anfang ist, dass du dein Thema und deine Inhalte findest.

Dann kannst du überlegen: Welchen Content, welches Thema, welche Story habe ich eigentlich, und wie möchte ich diese erzählen? In Form eines Videos, eines Zitats, einer Gegenüberstellung: Vorher – Nachher?

Mit dem Thema hast du schon deine Headline. Wenn du dich dann vielleicht für die Variante »3 Tipps für ...« entscheidest, geht es ans Grafische. Achtung, das Design verändert nicht den Content, sondern verpackt den Inhalt schön, wie mir Content-Designerin Kathy Ursinus erklärte. Deine Kernaufgabe ist also, das Wissen so aufzuarbeiten, dass es deine Nutzenden gut aufnehmen können. Deine Verpackung wirkt als Unterstützung des eigentlichen Inhaltes.

KATHY URSINUS

Kathy Ursinus ist seit 2019 als Content-Design-Expertin selbstständig. Die erfolgreiche Solopreneurin stellt eigene Designs für die Design-Plattform Canva her, macht Coachings und verkauft auf ihrer Webseite Vorlagen für Social-Media-Postings – für alle, die weder Zeit noch Talent dafür haben, sich diese selbst zu bauen. Seit 2017 lebt Kathy auf Fuerteventura.

www.kathyursinus.de

kathy.ursinus

→ Kathys Tipps für deinen Content auf Social Media

Alle Inhalte sollten gut lesbar sein, du möchtest die Information nachvollziehbar teilen. Dafür eignen sich Infografiken sehr gut.

Du kannst Designs auch häufiger verwerten: Verändere ihre Größe oder den Ausschnitt, sodass du beispielsweise einen Instagram-Post auf Pinterest weiterverwenden kannst. Das spart dir unheimlich viel Zeit und Arbeit! Und sieht trotzdem professionell aus. Wenn du schließlich deinen Stil gefunden hast, solltest du nicht immer wieder etwas ändern.

PRAXIS-CHECK → Welche Posting-Stile gefallen dir?

Sammle hier Posts, die ohne Fotos arbeiten und trotzdem die Inhalte auf einen Blick präsentieren. Halte auch die Farbauswahl fest, die für dich in Frage käme!

Social-Media-Fahrplan: regelmäßige Posts & Interaktionen

Achte darauf, regelmäßig zu posten. Das bedeutet nicht, dass du dich den ganzen Tag durch Instagram scrollen musst. Suche dir einen Rhythmus zur Veröffentlichung, den du auch über längere Zeit durchhalten kannst. Poste also lieber drei Mal die Woche als einen Monat lang jeden Tag und dann wieder wochenlang gar nichts, das wird vom Algorithmus sonst eher bestraft als belohnt.

Ähnlich wie für deinen Editorial Calendar kannst du dir hier einen konkreten Social-Media-Fahrplan festhalten. Wichtig ist, dass du die Frequenz einhältst. Setze dir also feste Termine und Zeiten, zu denen du posten möchtest – und halte sie ein!

PRAXIS-CHECK → Erstelle deinen Social-Media-Fahrplan
Plane konkrete Posts im Voraus und lege auch fest, welches Bild- oder Videomaterial du benötigst oder wie du deinen Content gestalterisch aufarbeiten wirst – ob es ein Reel, eine Story oder ein Posting werden soll.

WOCHE
Montag
Dienstag
Mittwoch
Donnerstag
Freitag

Content & Code: das Zusammenspiel

Alle Social-Media-Plattformen wollen ihre neuen Features bekannt machen. Also werden Beiträge, die diese neuen Funktionen benutzen, eine Zeitlang vom Algorithmus (siehe unten) bevorzugt behandelt.

In Insta-Reels wird viel gehüpft und getanzt, es geht aber auch ohne! Man kann Reels als Unternehmen oder kleine Marke gut nutzen, um Produkte zu präsentieren oder die Brand Voice zu transportieren. Recherchiere Accounts, die du magst. Besonders im Bereich DIY findest du tolle Beispiel, wie du dich durch unterhaltsame Videos einer neuen Zielgruppe präsentieren kannst.

Algorithmus

Der Algorithmus auf Social-Media-Plattformen sortiert Inhalte für Nutzende vor. Im Idealfall bekommst du so die Inhalte angezeigt, die du als relevant und für dich wichtig empfindest. Leider kann man als Nutzende:r diese Inhalte nicht selbst bestimmen. Grundsätzlich gilt aber: Je mehr du einen Account konsumierst und mit anderen Accounts interagierst, (durch Likes, Kommentare, Stories anschauen ...), desto häufiger werden dir ebendiese Beiträge angezeigt. Umgekehrt gilt es als Content Creator also, solche Inhalte zu schaffen, die deine Follower:innen besonders spannend finden und mit denen sie viel interagieren. Ebenfalls belohnt wird das Nutzen von neuen Features wie Reels, auch werden Videos bei Instagram allgemein derzeit bevorzugt vor Bildern ausgespielt. Durch sogenannten **Paid Content** kann man zudem für eine verbesserte Reichweite und das Ausspielen der eigenen Inhalte bezahlen, diese werden dann wie eine Werbeanzeige auch Menschen als Vorschlag angezeigt, die dir noch nicht folgen.

→ S. 154

PRAXIS-CHECK → Reels, die zu dir und deiner Brand passen könnten!

1
2
3

Gefunden werden: #Hashtags

Wie viele sollte man verwenden, und wie findet man die richtigen? Am wichtigsten sind Hashtags sicherlich auf Instagram und Twitter. Bei Twitter gilt: Für einen Hashtag setzt du eine # vor ein Wort oder eine Phrase, dadurch wird das mit allen Tweets oder Beiträgen verknüpft, die unter dem Hashtag veröffentlicht wurden. Bei Instagram kannst du maximal 30 Hashtags pro Beitrag verwenden. Du solltest das auch tun, an deinem Thema Interessierten, die dir aber nicht folgen, wäre dein Beitrag ohne Hashtags nicht angezeigt worden! Man kann auf beiden Plattformen auch bestimmten Hashtags folgen.

Welche Hashtags sind für dich relevant?
Zunächst einmal definierst du dein Thema. Versuche, dich wirklich auf ein oder zwei Aspekte zu konzentrieren. Für mein Buch wäre das also zum einen der Bereich Schreiben und Autoren, zum anderen Gründer:innen und Selbstständige. Nun nutzt du Tools wie den Instagram Hashtag Generator von *sistrix.de* oder gibst die Hashtag-Vorauswahl direkt in dem Tool Facebook Creative Manager ein. Dort erscheinen verwandte Hashtags, die zu deinen Themen passen und gut im Algorithmus performen. Nun erstellst du dir nach und nach Hashtag-Clouds zu deinen Themen. Also in meinem Beispiel eine für Autor:innen und Schreiben, die andere fürs Gründen und vielleicht auch noch etwas zum Bereich Online-Marketing. Diese kannst du dann für deine Posts nutzen und musst nicht jedes Mal neu recherchieren.

PRAXIS-CHECK → Deine Hashtag-Cloud erstellen
Hier kannst du die Begriffe für deine Hashtags sammeln, die besonders gut performen oder für dich besonders gut passen.

SEO: Search Engine Optimization

Du wirst feststellen, dass du mit Content- und Strategieplanung eine recht große Reichweite über Social Media und Newsletter generieren kannst. Du möchtest jedoch auch diejenigen erreichen, die nach etwas recherchieren, das deinem Angebot ähnelt. Und jetzt kommt SEO (Search Engine Optimization) ins Spiel!

ANDREAS SCHMUNK

Andreas Schmunk ist passionierter SEO-Experte und Content-Manager bei OMR (Online Marketing Rockstars). OMR ist die größte Wissens- und Inspirations-Plattform für die Digital- und Marketingszene in Europa. OMR-Gründer Philipp Westermeyer gehört sicherlich zu den bekanntesten Gesichtern der Marketingbranche, OMR ist sowohl Wissensplattform als auch für ihre Konferenz bekannt, die beim jährlichen OMR-Festival in Hamburg stattfindet.

www.omr.com

→ Andreas' sieben Facts für mehr Erfolg mit SEO

1. Suchmaschinenoptimierung benötigt Zeit und ist ein Long-Term-Game.

2. Google ist in Deutschland die wichtigste Suchmaschine und hat einen Marktanteil von mehr als 90 Prozent.

3. Indexierung deiner Webseite bei Google ist der erste Schritt, um bei Google gefunden zu werden → **S. 151.**

4. Setze dir klar umrissene Ziele und mache sie messbar: Wie willst du sie erreichen? Was sind deine KPIs (Key Performance Indicators → **S. 155**: Impressions, Klicks, Traffic, Umsatz ...)?

5. Eine gute Struktur ist unerlässlich: Welche Seiten sind deine wichtigsten (Kategorie- und Produktseiten, Blogartikel ...)? Wie kannst du diese bei Seitenaufrufen voranbringen?

6. Keyword-Recherche: Wonach suchen potenzielle Kund:innen/Kursteilnehmer:innen? Kennst du ihre häufigsten Suchbegriffe und Fragen, ihre Bedürfnisse und Probleme? Wie groß ist der Markt für dein Angebot und wie groß die jeweiligen Wettbewerber:innen? Kannst du auf Shorttail-Keywords ranken, oder lohnt es sich eher, auf Longtail-Keywords zu setzen?

7. SEO-Einsteiger:innen sollten soziale Medien (insbesondere LinkedIn) nutzen, um dort erfolgreichen SEO-Manager:innen und SEO-Tool-Anbieter:innen zu folgen. Denn diese teilen nicht nur ihre Erfolge, sondern auch Learnings, hilfreiche Artikel, Podcasts, Studien, Statistiken, News ... Spannende Einblicke geben beispielsweise Johannes Beus oder Fabian Jaeckert & Benjamin O'Daniel.

Wie macht man SEO für Shops und Kurse?

Bei Online-Shops und Kurs-Plattformen handelt es sich um transaktionale Geschäftsmodelle. Deren Ziel es ist, dass Kund:innen mit ähnlichen Interessen zusammenkommen, um Transaktionen durchzuführen, also Produkte oder Dienstleistungen kaufen.

Backlink → Rückverweis, bezeichnet einen Link, der von einer Webseite ausgehend zu einer anderen Web- oder Unterseite führt. Wenn eine Webseite einen Link zu deiner Seite setzt, hast du einen Backlink von dieser und vice versa. Für einige Suchmaschinen werden Rückverweise als Maß für Wichtigkeit einer Webseite verwendet.

Keyword → Begriffe, eine Kombination mehrerer Begriffe, Zahlen oder Zeichen, die Nutzer:innen in der Suchmaschine eingeben. Keywords und deren Synonyme sollten in Texten zum Thema vorkommen. Bei der übermäßigen Verwendung spricht man von »Keyword-Stuffing«, welches von Suchmaschinen mit schlechteren Rankings bestraft wird.

Shorttail-Keywords → Generische Suchbegriffe, die aus einem oder zwei Begriffen bestehen, hohe Suchvolumen ausweisen und weniger spezifisch sind. Ein Beispiel: »Kinderwagen«.

Longtail-Keywords → Spezifischere Suchbegriffe, die aus mehreren Begriffen bestehen, niedrigere monatliche Suchvolumen aufweisen und beispielsweise einen lokalen Bezug haben können. Beispiel: »Teutonia Kinderwagen Berlin«.

Für gelungene SEO sind relevanter und emotional passender Content sowie Backlinks wichtig. Keywords/Keyword-Sets mit hohem Suchvolumen werden häufig in einer Suchmaschine eingegeben. Je allgemeiner sie gehalten sind, desto stärker der Wettbewerb. Wenn du einen kleinen Online-Shop oder eine Kurs-Plattform betreibst, kannst du auf Longtail-Keywords setzen. Diese sind zwar spezieller, dafür ist aber der Wettbewerb geringer. Wenn du ein Ladengeschäft vor Ort betreibst, lohnt es, lokale Bezüge herzustellen.

Produkt- und Themenseiten sollten ausführlich sein und alle Informationen liefern, nach denen Kund:innen suchen. Zusätzlich ist es sinnvoll, Ratgeberseiten und Blogartikel mit relevantem Content in Bezug auf dein Angebot zu verfassen. Diese Seiten müssen auf deine Produkt- und Themenseiten verlinken. Im SEO gilt: Ohne Fleiß kein Preis, dauerhaftes Pflegen und Überarbeiten ist unerlässlich, um alle Potenziale auszuschöpfen.

PRAXIS-CHECK → Welche Keywords passen zu dir und deinem Business?
Notiere dir eine Mischung aus generischen Shorttail- und den spezifischen Longtail- Keywords.

Shorttail-Keywords	Longtail-Keywords
________	________
________	________
________	________
________	________
________	________

Melde deine Webseite bei Google an!

→ Gehe zu *search.google.com* (Google Search Console).

→ Kopiere die URL (Uniform Resource Locator, also Online-Adresse), von der du möchtest, dass sie im Index landet, in das Suchfeld.

→ Warte, bis Google die URL geprüft hat. Dies kann einige Wochen dauern, ein wenig Geduld ist an dieser Stelle also gefordert.

Andreas' SEO-Tools-Favoriten

→ **Keyword-Planer von Google**: zur Keyword-Recherche
→ **Google-Suche**: zur Keyword-, Fragen-Recherche, als Inspirationsquelle und zur Wettbewerbsanalyse
→ **Google Search Console**: Keyword- und SEO-Performance-Monitoring
→ **Google Analytics**: Website-Performance-Monitoring
→ **Google Data Studio**: SEO-Reportings
→ **PageSpeed Insights & WebPageTest**: Core Web Vitals

Social Media PAID: Werbung schalten 2.0

Unter Social Media Advertising (SMA) versteht man das Werben mit Anzeigen in sozialen Netzwerken. Es handelt sich dabei um gekaufte Anzeigenplätze auf Plattformen wie Instagram, TikTok, Pinterest oder auch LinkedIn. Die sogenannten Social Ads haben im Gegensatz zu den klassischen Werbeformen wie Print- oder TV-Werbung vielerlei Vorteile, sagt SMA-Expertin Karoline Richardt:

→ Mithilfe der Sozialen Medien minderst du Streuverluste.
→ Bereits mit kleinen Budgets können Anzeigen geschaltet und geplante Marketing-Ziele erreicht werden.
→ Alle Plattformen bieten transparente Kampagnen-Reportings.
→ Ohne Strategie solltest du keine Anzeigen schalten. Das Geld ist schnell und ohne Erfolg verbrannt.

KAROLINE RICHARDT

Karoline Richardt war lange SMA-Expertin bei dem sozialen Netzwerk Xing, seit 2021 ist sie selbstständig und arbeitet für internationale Auftraggeber:innen. Neben ihrer Leidenschaft für Online-Marketing ist sie auch als Illustratorin erfolgreich. Ein kreatives Multitalent!

www.modeern.com

modeern.designs

→ **Karolines fünf Schritte zur erfolgreichen Social-Paid-Kampagne**

1. Definiere deine Ziele
Überlege dir, welche Marketing-Ziele du mit deiner Social-Paid-Kampagne erreichen möchtest. Lege fest, wie du Ziele messen willst. Helfen kann dir dabei die SMART-Methode. SMART steht für spezifisch, messbar, aktivierend/attraktiv, realistisch und terminiert.

2. Kenne deine Zielgruppe
Je mehr du über deine potenzielle Kundschaft weißt, desto effizienter kannst du Anzeigen schalten. Neben demografischen Daten wie Alter, Geschlecht und Herkunft sind vor allem persönliche Interessen von großer Bedeutung. Erste Hinweise findest du beispielsweise in Instagram Insights (für alle Business-Konten kostenlos, über das Menü im Profil).

3. Kalkuliere solide Preise
Gerade wenn es um die Generierung von Kontakten oder Verkäufe von Produkten/Dienstleistungen geht, ist es essenziell, dass du deine Preise durchdacht hast. Und zwar vor der Anzeigenschaltung. Deine Kalkulation ist maßgeblich für das Kampagnenbudget, denn von deinen Produkt-/Servicepreisen hängt ab, wie teuer deine Werbung sein darf.

4. Setze auf Qualität
Gute plattform- und zielgruppenspezifische Beiträge sind das A und O beim Social Media Advertising. Für die Konzeption und Erstellung deiner Anzeigen solltest du auf jeden Fall genug Zeit und Kreativität investieren.

5. Werte deine Ergebnisse aus
Klicks, Impressionen, Conversions ... – arbeite dich in die wichtigsten Kennzahlen ein. Vergleiche Kampagnen, Targeting-Optionen und Creative-Anbieter miteinander und analysiere, was am besten für dich funktioniert hat. Minimiere so die Kosten bei der nächsten Kampagne und/oder erziele bessere Ergebnisse.

PRAXIS-CHECK → Dein Fahrplan für den ersten Paid Content

1. Deine Ziele

2. Deine Zielgruppe

3. Dein Budget

4. Deine Umsetzungsideen

5. Ab wann möchtest du starten?

6. Wie misst du deine Ziele/deinen Erfolg?

Der Geheimcode im Online-Marketing

Auch im SMA (Social Media Advertising) gibt es eine Reihe von wichtigen Fachbegriffen und Kennzahlen. Hier spricht man von Key Performance Indicators (KPI). Sie geben Aufschluss über den Erfolg einer Marketing-Kampagne. Expertin Karoline Richardt nimmt dich tief mit hinein in den Online-Marketing-Dschungel und sorgt für Licht im Dunkeln!

Impressions (Page Impressions: Seitenaufrufe) und CpM → Daraus, wie häufig deine Anzeige oder dein Content angezeigt wurde, resultiert der Cost-per-Mille (CpM): Werbekosten für 1000 (im ø) Impressions. Je höher der CpM, desto teurer wird die Werbung für dich.

Reach/Reichweite → Hierbei handelt es sich um die Anzahl, wie oft eine Einzelperson deine Anzeige gesehen hat.

Cost-per-Click (CpC) → Das sind die Werbekosten (im ø) pro Klick (auf die Anzeige).

Click-Through-Rate (CTR) → Diese Rate (in Prozent) stellt die Anzahl der Klicks auf deine Anzeige ins Verhältnis zu den gesamten Impressions. Eine hohe CTR ist ein Indikator dafür, dass deine Anzeige für deine Zielgruppe relevant ist und auch so in der Vorschau wahrgenommen wurde.

Frequency → Sie bezeichnet die durchschnittliche Häufigkeit, mit der jede Person deine Werbeanzeige gesehen hat. Während der Laufzeit der Kampagne steigt diese Zahl. Die Frequenz sollte nicht zu hoch werden. Ein Wert über 4 führt laut Karoline Richardts Erfahrung häufig zu einem Anstieg der CPCs und einer Senkung der CTR. Die Anzeigenschaltung wird also teurer, weil immer weniger Besucher:innen deines Angebots wirklich darauf klicken. Dann heißt es: Zeit für eine neue Anzeige!

Conversion → Wahrscheinlich die wichtigste Kennzahl im SMA. Die Definition der Conversion ist allerdings abhängig vom Ziel der Kampagne. Es kann der Verkauf eines Produktes/einer Dienstleistung gemeint sein, eine Anmeldung für den Newsletter o. Ä. Daraus lassen sich weitere KPIs ableiten wie der Cost per Lead (CpL) – Kosten pro Kontakt – und Cost per Order (CpO) – Kosten pro Verkauf oder auch der Cost per Action (CpA).

Conversion-Rate (CVR) → Das ist die »Umwandlungsrate« für das Verhältnis zwischen der Zahl aller Besucher:innen deiner Webseite und der Zahl derjenigen, die eine bestimmte Aktion (zum Beispiel einen Kauf) ausgeführt haben.

Return on Ad Spend (RoAS) → Kennzahl für den Umsatz im Verhältnis zu Werbeausgaben. RoAS von 4 bedeutet, dass du 4 Euro einnimmst für jeden Euro, den du in die Werbeanzeige investiert hast (Werbebudget × erwarteter Umsatz).

Lead → Bezeichnet einen neuen Kontakt, gewonnen über eine Online-Marketingmaßnahme.

PRAXIS-CHECK → Was möchtest du mit PAID SMA erreichen?

- Mehr Follower:innen
- Mehr Aufrufe deiner Webseite
- Mehr Interaktion

Feedbackrunde

Hole dir von drei Menschen Feedback zu deinen Social-Media-Kanälen ein, am besten sind das Kolleg:innen aus einem ähnlichen Bereich oder Menschen, die selbst sehr aktiv auf Social Media sind. Manchmal hilft es dir, etwas klarer zu sehen, wenn du deine Überlegungen jemandem mitteilst. Wenn du über dein Projekt sprichst, erhältst du meistens sofort eine Rückmeldung.

Feedback zu deinen Social-Media-Kanälen für

1

Name

Datum

Feedback

Idee/n zur Verbesserung

2

Name

Datum

Feedback

Idee/n zur Verbesserung

3

Name

Datum

Feedback

Idee/n zur Verbesserung

Die Arbeit beginnt … jetzt!

Du hast bis hierhin durchgehalten? Klasse, du meinst es also wirklich ernst! Und keine Sorge, wenn es sich erst einmal (zu) viel auf einmal anfühlt – wenn du dich gut organisierst und dich um deine Konzeption und Planung kümmerst, lösen sich viele Probleme bald in Luft auf, und du merkst, wie es zügig vorangeht. Du musst nur loslegen!

Ein Tipp von jemandem, dem es immer so geht: Sei nicht zu ungeduldig. Ich gehöre auch zu denen, die eine Idee haben, sie umsetzen und das Interesse verlieren, wenn das Projekt nicht sofort durch die Decke geht. Social Media, SEO, SMA und all die anderen tollen Tools, die du hier kennengelernt hast, brauchen aber Zeit, um zu wachsen. Bleib also dran, auch wenn am Anfang einfach nichts »geht«. Wenn es nach einiger Zeit immer noch so ist, überprüfe deine Ausgangslage kritisch: Wer ist meine Zielgruppe? Und spreche ich die auch auf den richtigen Kanälen mit den passenden Inhalten an? Was machen andere in meinem Bereich, und was funktioniert dort vielleicht besonders gut? Keine Sorge, es geht nicht darum, etwas zu kopieren oder abzukupfern!

Suche dir Inspiration. Sprich den- oder diejenige mit den tollen Inhalten oder dem klar gestalteten Online-Shop doch einfach mal an. Vielleicht geht sie oder er mal einen Kaffee mit dir trinken oder kann sich online austauschen? Meistens profitieren alle davon – und besonders in den »sozialen« Netzwerken geht es doch genau darum: um den Austausch und darum, gemeinsam etwas zu bewegen.

Also, lass uns ein paar richtig gute Shops bauen, Kurse kreieren und spannende Inhalte produzieren! Ich freue mich sehr, wenn ihr eure Ideen mit mir unter dem Hashtag #katharinakatz oder *#letsgetdigital* sowie *#einfachmacheneinfachgründen* teilt.

Wenn du jetzt Lust bekommen hast, mit mir an deiner Idee zu arbeiten, schau doch einfach mal auf meiner Webseite *www.katharinakatz.de* vorbei. Dort findest du 1:1-Coachings, Workshops und andere Produkte von mir. Für ein bisschen Inspiration adde gern meinen Instagram-Kanal @katharina.katz.

Let's get digital!!

Register